居家

收納設計

懶人包

i室設圈｜漂亮家居編輯部

U0003207

目錄

1 ____ 收納行為學

收納不僅是一種整理物品的實際行為,更涉及心理和行為科學
的應用,藉以更有效達成實用、愉悅的居住環境。本書提出「收
納 10 心法」和「收納 6 方法」,幫助讀者理解與改善收納習慣,
同時應用於居家空間之中。

Part1　　**收納 10 心法**：居家收納規劃運用收納 10 心法，不僅能提升收納機能，還能增強家庭成員間的合作與理解，打造更溫馨、有序的「家」。

Part2　　**收納 6 方法**：透過具體的收納策略，例如動線收納、尺寸收納等，讓居者能夠根據自己的生活習慣和空間條件，選擇最合適的收納方案，進一步提升居住空間的使用效率與舒適度。

圖片提供＿吾隅設計

① 選擇代替斷捨離

收納設計時考慮全家人的意見和需求，
令每個家庭成員都能自在使用。

當今社會，「斷捨離」已成為一種生活哲學，尤其針對家庭收納和購物習慣時更是常被提出討論。例如在家庭會議中，我們常為是否應該剔除家中不必要的物品而辯論，夫妻一方可能指責另一方購買過多實際上用不到的物品，而被批評者則可能辯解說自己購買的物品是為了未來可能的需求。

因為每個人都有不同的個性和成長背景，面對生活的挑戰並沒有一定的解決方案，對於一些人來說，「斷捨離」可能是一個自然而然的過程，符合他們追求簡潔、明確目標的性格；而對於那些細膩、注重細節、在處理情感上需要更多時間的人來說，「斷捨離」可能是一個長期且緩慢的過程，或許需要以十年或二十年為單位來考量。過於粗暴地推行「斷捨離」，可能成為他們壓力的源頭，而且在痛苦的整理過程後不久，家中可能還會再次充滿不必要的物品。

面對性格迥異的家庭成員，規劃收納系統時先與家人討論空間的限制，是需要重視日用品的擺放還是衣物的整理？書籍還是 CD 更為重要？在充分的討論後與家人們建立共識作出共同的選擇，審慎地選擇帶回家的每一樣物品。並且在購買之前，我們應該自問：「我真的需要這個物品嗎？」、「有沒有其他物品可以替代？」、「購買後能立即使用嗎？」將斷捨離的真諦真正的實踐在居家生活當中。

這些東西都有寶貴回憶，
不能說丟就丟！

面對性格迥異的家庭成員，
應在收納與購物的態度上與
家人們建立共識。

插畫__黃雅方

② 整理、收納與收拾

整理去除不必要物品，
建立有效的收納系統讓日常收拾更便利。

在我們的日常生活中，「整理」、「收納」和「收拾」這三個詞彙雖經常被交替使用，但其實它們各自承載著不同的含義和操作步驟，理解這些差異對於實現一個有組織的居住空間十分重要。

首先，「整理」是指對物品進行分類和評估的過程。在這一步驟中，必要與非必要的物品先區分開來，並將不再需要或不再有價值的物品丟棄。這不僅是一個簡單的清潔過程，更是對居住空間和生活品質進行優化。透過有效的「整理」，我們可以減少物質的堆積，避免無謂的擁堵，進而釋放空間，創造更寬敞、更愉悅的居住環境。

其次，「收納」指的是將審慎選擇後留下的必要物品有序地擺放起來，以便在未來需要時能夠輕易取用，這種有組織的收納方法不僅可以節省尋找物品的時間，還能延長物品的使用壽命。

「收拾」則是日常生活中最頻繁執行的行為，指的是將使用過的物品歸還到其原定位置。這一步驟的順利執行仰賴於有效的「收納」系統。當每件物品都有明確的歸屬時，「收拾」就能變得簡單且容易維持。

攝影＿王采元／圖片提供＿王采元工作室

攝影＿汪德範／圖片提供＿王采元工作室

③ 降低收納門檻

利用行為學使物品的放置變得自然、簡單，
且易於拿取、歸位。

收納方式不方便，常常是家庭成員不願意參與收拾整理的一大障礙。我們不須因為他人「不願意幫忙收拾」而感到沮喪或生氣，反而應該重新評估收納結構。

首先，我們需要設計一個能夠讓家人在日常動線上輕易拿取物品的收納系統。例如，將常用物品放在容易擺放的地方，而非需要爬高或彎腰的位置。此外，選擇開放式收納或不需開門的設計可以大幅降低取用物品的門檻，如使用無蓋儲物籃或開放式架子，讓家人只需將物品一放即可，無需額外動作。

接者，**簡化收納步驟是關鍵**，過於複雜的收納流程往往讓人卻步，簡化這些步驟，使收納成為家人生活中自然而然的一部分，而非一項繁瑣的任務。例如，設置在入口處的掛勾，可以讓家人回家後直接掛上外套和包包，而不需要走到衣櫃或其他收納區。

此外，我們應當從行為學的角度來重新審視收納策略。透過讓家人參與收納系統的設計，了解他們的使用習慣和偏好，可以制定出更加個性化且有效的收納方案，這不僅能提升收納的功能性，同時也能增加家人對整理秩序的責任感和參與感。

插畫＿＿張小倫

④ 確定收納需求

觀察日常生活的行徑動線與使用頻率高的物品，
並以此為依據來規劃收納空間。

許多人對於需要哪些收納常常摸不著頭緒，但其實生活的每一個行為都與收納和
使用動線息息相關，不妨有意識地對自己進行觀察，從起床到睡覺的一天當中，
包含了哪些行為？例如有些人習慣一進家門就換鞋、脫衣服，這時就可以在玄關
設置外衣櫃與鞋櫃；而習慣睡前使用手機或看書的人，就需要設置床邊平台，反
之則可以省略。

王采元設計師認為收納設計需要考慮多方面的因素，包括生理條件（如身高、慣
用手、體況）和個性特質（如急性子或慢性子、重視細節或大而化之、習慣按輕
重緩急處理事務或先到先處理）。舉例來說，如果是左撇子，櫃體的開啟方向和
形式就需要特別設計，以確保使用的便利和舒適。想要居家的收納設計能切合自
我需求，建議通過詳細的需求表單（可參照下頁王采元工作室的業主需求單），
並觀察自己一天的行為模式，從而精確掌握所需的收納設計。

在規劃設計前根據自己的生理條件和生活習慣，找出最適合的收納方案，才能確
保居家每個收納空間都能被高效利用，提升整體生活品質與便利性。

插畫__黃雅方

王采元工作室的業主需求單（擷取收納部分）

一. 收納習慣

偏好分區收納或儲藏室？

擅不擅長分類？

習慣隨手歸位嗎？

會善用標籤輔助記憶嗎？

會常常找不到東西嗎？

偏好抽屜或開放架？

設備尺寸與數量列表：掃地機器人、壁掛式吸塵器、防潮箱、保險箱、工具箱、電動工具、合梯、腳踏車、電風扇、空氣清淨機、除濕機、移動式電暖器、煤油爐、露營設備、紅外線燈、按摩椅、按摩床、健身器材

行李箱：大小與數量？使用頻率？行李箱裡習慣清空嗎？會需要直接拉到定位收納還是可以放到高處？可以接受大小合一還是都要獨立放？會在意刮到或摩擦嗎？會需要除濕嗎？

特殊嗜好的設備列表：比如唱 KTV、金工、手作、多肉植物、集郵、拼圖、火車模型、縫紉、雕刻、電競設備、音響室、登山設備

二、 玄關收納

請看看目前大門附近放在地上、椅背上、檯面上、桌面上的物品，那些就是需要收在玄關的東西。

需不需要放外套？件數？需要設置紫外線燈消毒嗎？

需不需要放包包？數量？

雨傘習慣的收法？會晾乾再收嗎？集中收在玄關還是各自放在包包裡？摺傘多還是直傘多？

鞋子全部的數量（請誠實）？男__雙 / 女__雙 / 小孩__雙

需不需要放零錢跟鑰匙？需不需要放藥品？信件？統一發票？

需要放幾頂安全帽？需要放菜籃車？嬰兒推車？球具？或其他特別想放在玄關區域的物品？

會需要物品暫放區嗎？（一回家有地方可以暫放物品，有空再慢慢歸位）
若有，通常主要的暫放物件種類與數量。

汙衣櫃（收納穿過但不髒的衣物）
1. 平均需要的衣物件數？ 2. 上衣跟下身需要分開嗎？ 3. 會想要設置在玄關還是臥房？
4. 有因工作而需獨立收納處理的衣物嗎？ 5. 需要設置紫外線燈消毒嗎？

三 . 客廳收納

書量：以 100×200 公分的書架來估，目前的書量有幾架？

小展示品：種類、想要的展示方式、數量

CD 或 DVD 數量

音響需求：是否講究？以後可能研究（可預留）？偏好聽音樂或是看電影？簡單就好或是整套
家庭劇院 (5.1 / 7.1 / 9.1 / 11.1)？

特殊興趣：黑膠、腳踏車、攝影作品、畫作、陶瓷器展示、明信片、相簿、磁鐵

四、餐廳收納

有哪些電器或設備想放在靠近餐廳的區域？比如飯鍋、熱水瓶、冷水瓶、電陶爐、咖啡機、酒櫃、
飲料專用小冰箱、飲料包集中處

想不想要一張大餐桌全家一起閱讀或工作？

經常是幾人用餐？

需不需要零食櫃？零食櫃是要靠近餐廳還是客廳？

有沒有使用熱鍋墊、杯墊、餐墊？會不會特別多？

五、廚房收納

刀具數量、分類？

砧板數量、分類？

抹布數量、分類？

家中的電器設備：抽油煙機、冰箱（日系、美系或獨立冷凍冷藏雙門冰箱）、食物料理機、水波爐、萬用鍋、電鍋、蒸爐、烤箱、洗碗機、烘碗機、果汁機、豆漿機、麵包機、刨冰機、冰淇淋機、烤麵包機、攪拌機、製麵機、切肉機等

鍋具數量（漂亮的鑄鐵鍋數量要另外提供）

碗、盤、杯數量特別多嗎？需不需要展示？愛不愛買？（請斟酌環境改變後的可能性）

有沒有特別愛選購蒐藏的餐具？烘焙器具？

環保餐盒多不多？環保袋、回收塑膠袋是想收在廚房還是玄關？

六、書房收納

主要使用者

桌面尺寸特殊需求：比如需要特別寬、特別深、或是站著工作所以要特別高

書房需要的設備與數量：桌機（若是 mac 要註明）、筆電、螢幕、事務機

辦公或閱讀的習慣會不會需要堆書或臨時置放文件平台

收納物件需求與數量：文具？A4 活頁資料夾？書？

七.臥房收納

睡前習慣：看書？看手機？睡前聊天？

有無過敏，需放衛生紙與垃圾桶？

是否堅持一定要雙邊上床？可否接受單邊上床？或從床尾上床？

習慣站著化妝？坐著化妝？

化妝保養總共多少瓶罐？習慣一次準備多少備品量？

習慣臉靠鏡子很近，還是喜歡可以伸縮的鏡子？或需要放大鏡嗎？

化妝保養一次多久時間？

是習慣化好妝再去選衣服？還是選好衣服再化妝？甚至是不是出門前一刻才趕著化妝？

收拾習慣好嗎？會不會總是來不及收拾，桌上滿滿都是用完沒收的瓶罐？

習慣在廁所保養化妝還是在更衣間附近的化妝櫃／桌？

飾品收納與數量：項鍊、手鍊、耳環、手錶、髮飾、髮簪

主要衣物收納擔當者是誰？

使用者個別衣服數量，以 100×200 公分的衣櫃來估各需要幾櫃？（含換季，務必誠實）

羽絨外套、長外套數量？

收納習慣用掛的？摺的？捲的？

喜歡拉籃（一目了然但會進灰塵）或抽屜（密閉性高但看不到內容物）

可以接受特殊收納設計的衣櫃嗎？還是喜歡用通用方式收納衣物？

收納衣服會依種類？顏色？厚薄？款式？來分類嗎？

褲子習慣用掛褲架嗎？還是用折的？

有沒有需要特別收納的衣服，比如只能攤平放置的布料、需要控制濕度的皮衣皮褲？

有沒有特殊的蒐藏？袖扣？領帶？領結？圍巾？絲巾？錶帶？

八 . 浴室收納

用品收納數量：需要鏡箱？浴櫃？書架？收納架？清潔用具櫃？

經常性使用的毛巾數量？大浴巾或毛巾？擦手巾？

九 . 後陽台收納

收納所有清潔用品、洗衣精等用品？

設備：幾台洗衣機？烘衣機（瓦斯或電？）

資料提供＿王采元工作室

⑤ 分區收納、分類整理

將物品按照類型、使用頻率或重要性進行分區收納、分類擺放。

分區收納和分類整理是實現高效空間管理和提升生活品質的重要關鍵。這兩種方法不僅讓物品擺放更有序，還能讓日常使用變得更加便捷和直觀。

分區收納涉及將居住空間按功能劃分為不同的使用區域。例如，廚房、客廳和臥室每個區域都可以進一步細分以適應特定活動或收納需求。這種方法不僅限於劃分功能類別，還包括根據生活情境進行分區，比如打造專為工作、休息或娛樂所設計的空間等，進行分區不僅使物品的擺放和使用更加合理，還能顯著提高效率和整體空間利用率。

另一方面，分類整理則是在這些已劃分好的區域內，按照物品的種類、使用頻率或重要性進行更細致的排序。例如，在廚房中，食品儲存空間可以細分為調味品區、生鮮食材區及罐頭食品區，每一類物品都有其專屬位置。在梳妝台，化妝品、護膚品等美容用品也可以按照使用步驟或類型分開擺放，這樣既便於使用，也有助於保持梳妝台的整潔。

透過對空間進行精心的分區與細致的分類，每個物品都被恰到好處地安置在最合適的位置。這樣的配置不僅降低尋找和重新放置物品的時間成本，還能令生活的整體效率和舒適度提升。進一步來說，當每一件物品的擺放位置都符合使用者的直覺和生活習慣時，收納便轉化為一種無需多想即可自然完成的日常行為。

攝影＿ KV photography Studio ／圖片提供＿王采元工作室

⑥ 活用現成收納工具

透過市售的收納工具最大化空間利用率、
居住空間整體功能性和舒適度。

在狹小或功能密集的居家環境中，創意利用現有空間和收納工具來增加收納是兼顧實用與坪效的方法，不僅可以最大化空間效率，還能增添居家的整潔和美觀。

首先，掛鉤是一種簡單且被廣泛應用的收納工具，可用於吊掛雨傘、帽子、包包甚至珠寶等物品，而壁貼式橫桿則可利用其縫隙收納拖鞋，或在浴室中掛放洗浴用品，在節省空間之餘，令物品易於取用，增加了生活的便捷性。此外，長尾夾可以有效地整理與收納辦公室的文件、信件或廚房的食譜等，令經常使用的紙張保持整齊且容易查找。

而對於空間有限的家庭來說，將小物件直接與壁面結合是一種聰明的解決方案。例如，在牆面安裝層板架或利用角落設置多功能掛架，不僅提升牆面美感，也擴展收納選項。在這些設計上，你可以擺放書籍、裝飾品或日常必需品，充分利用垂直空間，而如果有規劃收納櫃，則可以活用收納工具與櫃體內部作結合，比如添加可調節層板、隱藏抽屜或是收納盒等，這樣可以根據收納需求靈活調整空間。

圖片提供__ FUGEGROUP 馥閣設計集團

⑦ 複合式收納技巧

利用畸零空間、複合機能提供最大坪效收納解決辦法。

複合式收納設計是針對有限空間提供最大坪效的收納解決方案，設計著重於增加儲物空間，同時打造更加開闊和舒適的生活環境。因此許多設計師在進行室內設計時，會透過複合式收納設計充分利用每一寸空間，將功能和美感結合，打破傳統收納的界限。

複合式收納技巧首先可利用居家畸零的角落空間，例如，梯下的空間通常被忽略，但實際上它是一個理想的儲物地點，透過巧妙設計，這裡可依照位置轉化為多功能的儲藏室、污衣櫃或是鞋櫃空間。此外，雙面櫃的規劃能讓不同場域同時進行收納，例如在餐廳和廚房之間設置雙面櫃，不僅增加了兩個區域的儲物空間，還增強了室內的整體流暢性，從廚房這面，櫃子可以用來擺放常用的烹飪工具和食材，餐廳面則可以用來放置餐具、桌布或其他餐飲必需品。

而小坪數居家更應該利用複合式收納設計，如右圖案例，實現廚具、電器櫃、鞋櫃、餐桌以及儲藏室的一體化設計。這款複合式櫃體的高度約為 2.1 公尺，深度為 60 公分，設計從入口的鞋櫃延伸至餐桌，不僅可供用餐，也可用於暫放包包或外出時的衣物，並與廚房的櫥櫃及嵌入式烤箱等設備無縫相連。這樣整合鞋櫃、衣物掛鉤、座椅和小型儲藏室，不僅使得空間利用更加高效，也令入口區域變得更加實用和開闊。

圖片提供＿蟲點子創意設計

⑧ 兒童友好收納

設計兒童能輕易使用且安全的收納系統，
從小培養整理習慣。

如果家有孩童，對兒童友好的收納設計十分重要，不僅能打造既安全又方便的環境，還能從小培養兒童的整理習慣。設計時，由於孩子成長迅速，家具的尺寸和功能應設計成容易調整的形式。例如，衣櫃和抽屜使用可調整高度的層板，並將使用頻率高的物品放在兒童容易接觸到的低處，這不僅方便孩子自行使用，也鼓勵他們學習整理和自立。

要是我們期望孩子們能夠如同成人一樣完美地整理收拾每一件物品，他們可能因為做不到而感到沮喪，這不僅無助於他們的學習，還可能使他們對於整理收拾產生負面感受。為了鼓勵孩子們主動整理，我們應該從降低收納的難度開始，先採取簡單的收納方式，即物品只需放入指定的位置即可，這樣孩子就可以輕鬆地取用和收納。例如，我們可以為玩具車、積木、玩具家具等設立專門的分類和固定的收納位置，這也代表，每個抽屜或收納籃應只擺放一類物品，適應孩子的年齡特點，避免他們在尋找物品時感到困惑或無法找到需要的東西，這樣一來能縮短尋找和選擇物品的時間，還能提高整理的效率。而每個收納區前都應貼有清晰標示其內容物的標籤，讓孩子們能夠容易地識別，另外，床底、樓梯踏階下方的儲存空間，因為高度剛好，也是適合教導小朋友收納書本、玩具的地方。

圖片提供__吾隅設計

⑨ 減少→整理→不增加

透過循環收納，實現高效率整理。

確保輕鬆收納的關鍵，在於理解收納不僅僅是一種家務活動，更是一種展現對家人關懷的行為，一個良好的收納系統應該是便利、直觀且具體考慮到每個家庭成員的需要，讓日常生活更加流暢。

其中，「減少」→「整理」→「不增加」的循環是實現高效收納的關鍵。定期去除不再需要的物品可以防止家中物品積累過多，這樣可以保持家庭環境的整潔與寬敞，而培養這種循環的好習慣，可以使家庭成員自然而然地遵循此一模式，進而維持有序的生活空間。

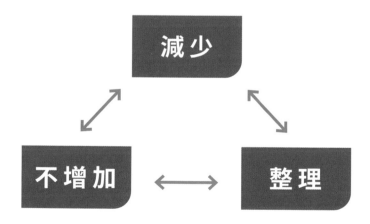

插畫__張小倫

⑩ 定期檢視與調整

定期檢查收納空間和方法的實用性，
必要時進行調整。

規劃完居家收納系統不代表已經大功告成，永遠不需要改變，反而定期檢視與調整才是維持居家整潔與實用性的重要關鍵。

我們可以定期從一到九項重新檢視家中的收納系統，確保家中每一處收納空間都發揮最大效用，且是否仍符合當前生活需求，特別是在生活環境或家庭成員需求發生變化的情況下，例如，孩子的成長會帶來玩具和衣物需求的變化，這就需要我們調整收納空間以適應這些改變；或是家中成員增加則需要重新考量可能增添物品擺放的位置等。

其次則是檢查收納方法的實用性，如果發現某些收納方法不再適用或存在浪費空間的問題，我們應該不遲疑地進行調整！這可能代表著更換收納容器，或重新配置抽屜和櫃子的內部佈局，以便更好地適應物品的大小和形狀。

定期的檢視與調整同時也是檢視個人或家庭生活習慣的好機會，我們可以透過這一過程了解哪些物品真正被使用，哪些只是在占用寶貴的空間，這有助於我們作出更有意義的決定：何時購買新物品以及如何更好地利用現有物品等。

攝影＿汪德範／圖片提供＿王采元工作室

2

收 納 6 方 法

① 動線收納

將物品收納設計與居住者的日常動線結合，
使取用更為便利。

決定家的收納方式，應從日常生活的實際動線和活動出發，也就是動線收納。當
我們起床、進門、或在廚房料理時，每一個動作都與收納息息相關。你是否曾經
想過，當你回到家後，通常會如何放置你的物品？許多人可能會選擇將物品隨手
放在沙發或椅子上，而不是收進房間內的櫃子裡，這樣的習慣，雖然看似方便，
卻是家中雜亂無章的主要原因，為了解決這個問題，我們需要將收納位置安排在
靠近使用場所的地方，這樣可以大大減少物品堆積的情形。

動線收納有四個訣竅：首先，將物品收納在離使用場所近的位置，可以大幅提高
效率，例如將外套和鑰匙掛在門旁；其次，根據物品使用的頻率來決定放置的高
度，常用物品應放在容易取用的位置；此外，善用收納容器可以幫助物品井然有
序，避免混亂；最後直立式收納也是一種有效的方法，它不僅節省空間，能方便
快速拿取物品。透過這些策略，我們就能打造出好收又好拿的整齊居家。

圖片提供__吾隅設計

② 展示收納

將美觀或常用的物品透過開放櫃、層板或
玻璃櫃進行展示。

在現代家居設計中,收納已不僅僅是儲物而已,有時也是展現個性和生活品味的
重要元素,透過巧妙的室內規劃、設計及展示能將個人的收藏融入日常生活,增
添空間的個性氛圍。

但在規劃展示收納空間時也應考慮收藏品的實用性與展示場合。例如,城市馬克
杯可能更適合展示在餐廳或廚房,在增添空間的生活氣息的同時還能方便使用。
此外,設計展示收納時,還需考慮自身的使用習慣與維護能力、家庭成員的意見
以及其他可能的限制,如寵物和小孩等,且展示空間建議易於清理,與能輕易保
持美觀,才不會成為家中混亂的來源。

而展示收納可透過多樣的陳列手法增加視覺效果,例如借鑑商業空間的陳列方法
是學習展示技巧的有效途徑,像是學習鞋店如何展示鞋子,可以幫助我們更好地
在家中整理和展示鞋類,同樣地,包包、絲巾、帽子和項鍊等服飾配件的陳列也
可以參考專門店的設計,這不僅使得收納更便捷,還能增加視覺美觀。另外,燈
光設計也極為重要,選擇合適的照明方式可以增強展示效果,如在展示櫃下方或
側面安裝燈帶,以柔和的間接照明突出展示物品。

展示收納不僅是展示收藏品的場所,更是整合功能與美學的代表,透過精心設計
的展示櫃或層架,可以使收藏品和日常用品完美交融,既方便生活,還能提升居
住環境的藝術人文氛圍。

圖片提供＿日作空間設計

③ 隱藏收納

透過門片、拉門等將櫃體隱藏，
保持視覺整潔。

隱藏收納是居家常見的收納方式，主要透過門片、拉門等將櫃體隱藏，這種收納方式不僅能有效利用空間，並且巧妙地融合功能性與美觀性。

隱藏收納的適用範圍非常廣泛，並沒有固定的界定區域，它可以根據業主的具體需求來定制，無論是臥室、客廳還是廚房都能夠設計相應的隱藏收納空間，尤其是小坪數空間，更常利用整合隱藏收納來放大空間感。

在視覺設計上，隱藏收納應避免過於突兀或造成視覺壓迫感。例如，可以選擇不頂天的設計，讓櫃體上方留出空間，這不僅為室內帶來更多的「呼吸」空間，也使得整體環境更為輕盈和開闊；此外，深色櫃體雖然穩重，但使用過多會使空間感縮小，因此適當使用淺色或與深色交錯的色彩配置，才能放大空間感並突出設計風格；再來，隱藏收納應考慮到易於使用的設計細節，如選擇內凹式把手可以增加櫃體的整體隱蔽性，同時保持使用的便捷性。

隱藏收納不僅是空間規劃的一部分，更是一種生活態度的反映，它強調的是一種對秩序、美感和功能性的追求。透過精心設計的隱藏收納解決方案，可以實現居家空間的最大化利用和提升美學，使居住環境更加舒適和悅目。

圖片提供＿ FUGEGROUP 馥閣設計集團

④ 尺寸收納

根據物品設計收納尺寸，令使用便利且放大坪效。

尺寸收納是一種以精準測量和個人化設計為核心的居家收納策略，能夠最大化空間利用效率並滿足居住者的特定需求，透過詳盡的規劃與設計，尺寸收納能確保每件物品都有其專屬的擺放空間。

尺寸收納的第一步是對空間進行精確測量，包括測量空間的高度、寬度和深度，這些測量數據是設計合適收納系統的基礎，幫助確保家具收納方案完美適應空間尺寸。此外，在開始設計任何收納之前，還需要詳細了解居住者的生活方式及特定需求。例如，衣物收納應考慮衣物的種類和數量，長大衣或洋裝的長度，以及褲裝的比例，以此決定吊桿的數量和配置。對於小件如珠寶首飾，可能需要特製的抽屜或格抽來進行分類擺放，同時考慮是否需要透明面板以便一目了然地查看內容。

另一方面，空間規劃時，需考慮門片或抽屜的開啟空間，以防止開門時受阻，建議在空間狹小或門口較窄的情況下，可以考慮使用推拉門或開放式收納櫃設計。

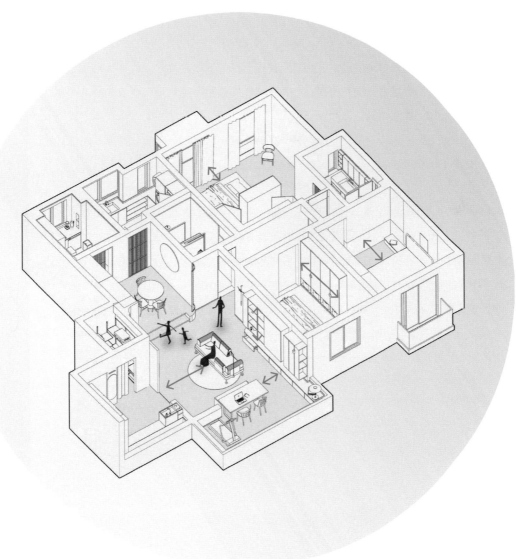

圖片提供__吾隅設計

⑤ 儲藏室收納

利用畸零空間設置儲藏室擺放大型設備、
季節性物品或不常用的物品。

幾乎每個家庭都會配置各式各樣的收納櫃，從玄關到客廳、餐廳、廚房、書房、
臥室甚至浴室，每個區域都可能設有專門的收納空間。然而，為何仍有人認為收
納櫃不夠、不好用呢？主要是因為收納櫃有時候無法容納大型物品，如行李箱或
嬰兒推車，這時候最好能規劃儲藏室，來收納無法放進櫃子裡的物品。

家中不同的物品需要不同的收納方式，尤其是尺寸多樣的物品，如季節性家電、
清潔工具和大型行李箱等，這些物品通常不適合放在標準櫃子中，這時可以善加
利用家中的畸零空間，如樓梯下方或特殊形狀的角落，或是小房間規劃成儲藏室，
這樣一來不僅可以善加利用這些空間，還能根據物品的大小和使用頻率進行收納。
建議儲藏室的深度應控制在大約 110 公分至 120 公分，寬度約 100 公分，避免儲
藏室太大，內部塞滿雜物，變成難以尋物的收納黑洞，而失去本應有的收納效能。

圖片提供＿築樂居

⑥ 其他收納（收納盒、五金）

利用多種小型收納工具如收納盒、掛鉤來進行收納，
並透過五金增加收納效能。

收納工具與五金是優化居家收納空間的兩種常見利器。以下是如何有效利用收納工具和五金配件進行收納的策略。

收納工具的靈活性允許根據需求隨時調整其位置，不僅增加收納空間，還能保持視覺美觀，尤其當家中的收納櫃內有畸零空間，或是無法妥善收整小物，就可以利用收納工具（如收納盒）來增添該區域的收納功能。而選擇收納工具時，可以根據空間的裝飾風格或主色調作匹配，同時也可以利用不同材質來強化空間的風格質感。例如，在北歐風格的空間中，木質或藤編的收納籃尤為適合；而在現代風格的空間裡，則可以選擇金屬質感或黑白色調的收納盒。

另外，五金配件在居家收納中也扮演著重要的角色，例如：滑軌可以使抽屜更加容易打開和關閉，適用於廚房和浴室環境。而當廚房櫥櫃轉角難以利用時，善用五金配件，像是蝴蝶轉盤、小怪獸、半圓式轉籃等，可以顯著增加這些死角空間的使用效率。

圖片提供__吾隅設計

CHAPTER

2 —— 玄關

圖片提供__蟲點子創意設計

玄關空間通常不大，卻需要容納日常生活中各種小物件，如信件、帳單、鑰匙以及全家人外出所需的包包、帽子、外套和鞋子等，因此，玄關的設計不僅要小巧完備，還要考慮到家庭成員的使用習慣，有效整合動線與收納方案，確保實用又滿足大家的需求。

收納技巧

玄關櫃是放置日常必需品的理想位置，通常包括鞋櫃和置物櫃。鞋櫃的設計需特別注意通風，可考慮使用透氣的櫃門或安裝通風設備，以避免異味。對於經常穿戴的大衣，建議在玄關配置專用衣帽櫃，方便外出時直接取用。而考慮到台灣地區天災頻發的環境，也應預留空間擺放急救包和手電筒。

如果家中缺少玄關收納空間，也可以透過巧妙設計達到收納目的：牆面上的掛鉤可以掛置衣物和包包；增設一個小層架則能夠放置日常小物，這些配置既節省空間，也實用美觀。

玄關收納空間通常涵蓋「鞋子、隨身物品、鑰匙、雨具」四大類，每類物品可進一步根據需求細化櫃體的劃分。此外，收納空間可按高度分為三個區塊：最上層擺放不常使用的物品；中層位置因為便於拿取，主要收納日常鞋子和其他物品；下層則留給季節性使用或較少使用的鞋子和備用物品。

動線收納應用於玄關

A──依照個人、家人動線習慣排列玄關櫃體、設備

玄關動線收納可以從進門開始想像每一個收納流程，決定收納物品的位置和區域，確保收納位置與使用者的便利性。例如，進門習慣先脫鞋、放包包後脫外套，可依此順序規劃穿鞋椅、鞋櫃到掛鉤、電子衣櫃，櫃體、設備的配置依照自己與家人的動線、習慣微調，才能確保使用順暢。

B──善用立面進行玄關動線收納

玄關空間不大，需善用立面進行動線收納，而落地式玄關櫃就是最好選擇。如鞋櫃和衣物櫃設計於櫃體中央方便拿取，櫃體下方則可設計雨傘架，方便雨天使用且避免雨水弄髒室內地面。此外，對於需要坐下穿鞋或出門前需要整理儀容的人，也可以在門片內裝置穿衣鏡，並利用畸零角落規劃穿鞋椅，使區域功能更加完善。

1 FOYER
2 THE UTILITY ROOM
3 LIVING ROOM
4 MULTIFUNCTIONAL AREA
5 DINNG ROOM
6 KITCHEN
7 BALCONY
8 BATHROOM
9 BEDROOM-1
10 BEDROOM-2
11 MASTER BEDROOM
12 CLOAK ROOM
13 BATHROOM

圖片提供__吾隅設計

Ⓒ──鏡子擺放需動線順暢且能照全身

設計穿衣鏡時，鏡子必須位於有足夠前後空間的地方，以便照到全身。因此，若計畫在玄關安裝全身鏡，建議將鏡子設置在近大門的一側，而不是靠近室內深處的位置，這樣可以確保有充足的距離，令使用者可以完整地看到自己在鏡中的全身映像，同時也滿足使用動線。

Ⓓ──修改大門開啟方向令動線收納更順暢

玄關通常建議根據房屋的格局和使用需求調整動線，以確保使用順暢。例如，修改大門的開啟方向，以改善動線，並在玄關處配置高櫃增加收納功能，這是因為有時原始門的開啟方向可能導致進門後直接面對高櫃，在心理上造成壓迫感，並在視覺上形成陰暗的死角，行動路線也可能顯得不合理，因此，更改門的開啟方向，可以讓人一進門就感受到開放式設計的寬敞感，同時增加收納空間，提升生活便利性。

圖片提供__禾光室內設計

⚲ 展示收納應用於玄關

圖片提供＿蟲點子創意設計

Ⓐ——狹長玄關更需要展示收納

狹長型的玄關可以在玄關的末端牆面設置開放式層架或展示櫃,展出屋主的個人收藏,如藝術品、旅行紀念品或書籍等,不僅能夠有效利用空間,提供視覺焦點。還能凸顯屋主的個性和品味,同時創造出溫馨迎賓的氛圍。此外,合理的燈光布置與精選的裝飾品則可以進一步增添空間感。

Ⓑ——洞洞板令陳列展示更有個性

此案玄關為狹長形空間,入門後正對客廳,設計師以弧形牆面化解穿堂煞風水問題,並利用側牆加上洞洞板增添裝飾與實用性,整個洞洞牆長度約 5 公尺、高度 2 公尺,不僅可以隨意吊掛雨傘、外衣等日常使用物品,層板也可根據裝飾品的大小調整展示間距,盡情展現屋主的個性與品味,並在地板加入燈帶,引導視覺流向並增強空間感。

🔍隱藏收納應用於玄關

圖片提供＿蟲點子創意設計

🅐──玄關櫃收納結合開放隱藏

在室內設計中，雖然玄關占用的面積相對較小，但其收納需求卻相當廣泛，由於物品種類繁多，若處理不當，視覺上容易顯得雜亂，因此，建議玄關的收納櫃採取開放與隱藏結合的模式，開放部分可以用於展示屋主的收藏品，增添個性化；而封閉部分則可設計為門片或抽屜，便於分門別類收納各種物品。此外，選擇具有設計感的門片或特色櫃體，能令一進門就眼睛一亮。

🅑──依照空間大小、實際用途選擇門片材質、顏色

玄關櫃門片在居家設計中扮演著視覺焦點的角色，其尺寸和造型會直接影響空間的整體感受。選擇櫃門時，應考量空間大小和實際用途，對於較小的空間，建議使用開放式或半透明的櫃門設計，如透明玻璃、夾砂玻璃或毛玻璃等，這些材質可以創造空間通透感，減少壓迫。此外，櫃門的材質和顏色同樣重要，白色能放大空間，金屬則呈現出現代個性。

🅒──整合公區收納，放大空間視覺

小坪數空間中可以從玄關到公共區域整合一整面收納牆，並且使用淡色調或鏡面元素，可以放大空間視覺，還能突出設計空間的精緻感。

🔍 尺寸收納應用於玄關

Ⓐ──規劃鞋櫃時先確定鞋櫃的尺寸和層板配置

在設計鞋櫃層板的跨距時，通常以一雙鞋的平均寬度為基準，例如要一次性放置三雙鞋子，則層板寬度應設計任約 45 至 50 公分，以免造成只能放進一隻鞋子的窘境，而深度則可 35 至 40 公分，讓大鞋子也能放得剛好。如果希望將鞋盒放到鞋櫃中，則需要 38 至 40 公分的深度，若是還要擺放高爾夫球球具、吸塵器等物品，深度則必須在 40 公分以上才足夠使用。因此，在規劃鞋櫃時，最好先確定鞋櫃的尺寸和層板配置。此外，鞋櫃的層架可以設計成輕微傾斜（約 30 度），這樣一來不僅方便拿取鞋子，也能讓鞋子的排列一目了然，提高使用便利性。

Ⓑ──穿鞋椅高度 38 公分方便彎腰穿鞋

玄關穿鞋椅通常設計得比一般沙發稍低，大約在 38 公分左右，以便使用者彎腰穿鞋。深度方面，如果條件允許，可以設計成 40 公分深，這樣可以結合鞋櫃的設計，增加更多收納空間。對於空間較小的玄關，如果設計穿鞋椅有困難，折疊式小凳子是一個理想的選擇，這種凳子在不使用時可以摺疊起來靠牆擺放，節省空間；另一種方式是使用五金配件設計一款可掛於牆上的穿鞋椅，需要時只需翻下來使用，既實用又不占位。

圖片提供__蟲點子創意設計

攝影＿王采元／圖片提供＿王采元工作室

C——玄關太小設計正面吊掛衣帽櫃

玄關櫃通常會整合衣帽櫃，用來擺放日常出入所需的衣物、包包及外套。一般而言，衣帽櫃的建議深度為 60 公分，以便收納外出衣物。若玄關空間的深度有限，衣帽櫃的設計可與鞋櫃同寬，但應調整為面寬至少 60 公分，讓衣物能正面向外擺放，並注意絕對要與鞋櫃分隔門片，以防鞋子的臭味染到衣服上。

D——玄關鞋櫃下方懸空 25 公分，擺放室內拖、掃地機器人

建議玄關鞋櫃下方進行懸空設計，這樣可以在進屋時暫放剛脫下的鞋子，尤其是潮濕的雨鞋，讓它們有機會通風干燥後再收納進鞋櫃，此設計同時適合放置室內拖鞋。而懸空高度建議設為離地約 25 公分，這樣既可保持足夠的空間讓鞋子通風，又能防止灰塵積聚，還能當作掃地機器人的家，此外，這樣的設計也能減少玄關櫃的量體壓迫顯得輕盈。

🔑 儲藏室收納應用於玄關

圖片提供＿禾光室內裝修設計

圖片提供＿禾光室內裝修設計

Ⓐ——腳踏車、嬰兒推車、行李箱等外出用品收納玄關儲藏室

收納，是規劃空間最常面臨的需求，但有時需要的不是很多櫃子，而是儲藏室。例如玄關需要被收納的除了鞋子、衣服，還有腳踏車、嬰兒推車、行李箱等外出用品，這些物品尺寸不一，一般櫃子的規格無法一次滿足這些物品的收納，此時以儲藏空間取代收納櫃，不失為一個解決之道，建議可以在這些外出用品的動線上直接規劃成小儲藏室，方便收納。

Ⓑ——儲藏室內物品依使用頻率進行分區收納

許多人認為儲藏室難以使用的原因在於內部空間缺乏良好規劃，因為只是將物品隨意堆放，自然難以取用。為了提高儲藏室的使用效率，建議沿著牆壁設立層架，中間留出走入、站立和蹲下的空間。物品擺放應依使用頻率進行分區收納，常用物品放在手垂放指尖到視線高度之間，便於拿取；上下層則放置偶爾使用的物品。記住，輕的物品放上層，重的物品放下層，才能避免拿取時受傷。

Ⓒ——善用玄關畸零空間創造儲藏室

左圖這個儲藏室充分利用了玄關與客廳之間的畸零空間，且櫃體的門片創新加入了拍拍手開關功能，用戶只需輕拍即可操作開關，這樣的設計不僅方便使用，還維持櫃體表面的平整與視覺連續性。

🔑 其他收納（收納盒、五金）應用於玄關

圖片提供__ FUGEGROUP 馥閣設計集團

Ⓐ—— 360 旋轉鞋架擴增收納量

當鞋櫃的深度過深或過淺，導致收納量受到限制時，可以在鞋櫃內加入「旋轉鞋架」。淺櫃可利用偏斜角度來置放更多鞋子，深櫃則能設置雙面式旋轉鞋架，透過旋轉五金增加雙倍的收納量，有效提升鞋櫃的收納功能，同時保持整潔有序。

攝影＿ MD ／圖片提供＿太硯設計

B ——玄關收納依物件與櫃體深度選配五金

玄關收納的物件和櫃體深度會影響櫃門五金配件的選擇。若櫃體較深，櫃門需搭配較好的五金配件以提升使用便利性。而如果橫寬超過 100 公分，每 30 至 40 公分應設置一個支撐架。可以考慮使用鐵板作為層板，或採用鐵管作為支撐架的材質，因為金屬材質的支撐力較強，能有效避免櫃體變形的問題。

CHAPTER

3___ 客廳

圖片提供__王采元工作室

客廳不僅是家庭聚會的核心空間，也是展示個性與生活品味的
舞台，然而因為空間有限，如何在保持美觀及舒適性，同時實
現高效的收納功能，成為設計上的挑戰。有效的客廳收納設計
需要融合功能性與美學，並且考慮高頻使用的需求，才能打造
既實用又吸睛的生活場景。

收納技巧_____

在寬敞的客廳中，小物件整理尤為重要，建議將生活雜物如遙控器、電池等必需小物，統一收納至專門的收納盒內，以保持環境整潔。尤其是日常頻繁使用的遙控器，應收在方便取用的地點，例如設有抽屜的茶几，或在沙發旁邊設置具有收納口袋的掛袋，這些都是理想的位置，可以讓使用更加便捷，同時也令客廳空間看起來更為整齊有序。

清潔工具如掃把和拖把通常都具有較長的手杆，直立擺放雖簡單，但容易倒下，建議收納在公共空間如客廳、玄關的儲藏室裡，可以考慮將這些工具整齊地掛在牆上，不僅節省空間，還方便取用。此外，利用門後或櫥櫃旁的空隙來擺放清潔工具也是一個不錯的選擇，充分利用空間而不干擾日常生活的動線。

🔍 動線收納應用於客廳

Ⓐ——留意家具尺寸與動線流暢

由於空間有限，客廳的功能通常更偏重於日常生活，因此，確保流暢的動線成為設計的核心。在進行家具與收納空間的規劃時，必須考慮家具的尺寸和走道的關係，除了方便行走外，還需留意持空間的開放性和舒適感。

Ⓑ——客廳收納設計於非主要動線上

在有限的客廳空間中，選擇恰當的位置設計櫃體尤為重要。為了減少櫃體對居住空間的壓迫感，應優先考慮將收納設計於不干擾主要動線的區域，如沙發背牆或電視牆的轉角處，這樣可以在不影響日常活動的同時，有效利用空間。在材質選擇上，使用玻璃或金屬元素不僅可以讓櫃體看起來更輕盈，也有助於維持空間的開放感和視覺連貫性，此外，選擇淺色調或半透明材料也能進一步減輕視覺上的重量，使空間感受更加寬敞明亮。

Ⓒ——客廳設計與收納注重留白與彈性

客廳作家人聚集的場所，空間設計應以提升生活品質與體驗為主，而不僅僅是填滿每一寸空間，因此在設計時應注意空間的適度留白。而在規劃收納方面，思考未來三到五年的需求，並在設計中留足彈性空間，這樣一來，隨著生活方式的變化，空間也能進行相應的調整。

圖片提供__大見室所

展示收納應用於客廳

圖片提供__築樂居

A——開放與封閉結合，實現收納不失展示魅力

為了使空間顯得更加寬敞和舒適，大型收納櫃的設計可以巧妙結合封閉式和開放式的元素，既實現收納功能，又不失展示魅力。此外，從客廳的角度來看，這種設計有效地利用每一寸空間，同時也展現了櫃體的多功能性，透過精心規劃的展示與隱藏區域，櫃體不僅能滿足不同的收納需求，還能為生活空間帶來更多的變化與律動。

B——展示收納運用照明增加收藏品價值感

為了增強展示效果，善用照明不僅可以使收藏品更加引人注目，還能增添展品價值感。然而，對於那些價值高昂且易碎的收藏品，需要特別注意燈光的選擇及溫濕度的控制，避免使用可能會產生過多熱量或對收藏品有潛在損害的光源，以保護珍貴物品不受損壞。

圖片提供＿吾隅設計

C——收藏品展現主人品味，創造別具特色的生活場景

於客廳設計一面開放式收納櫃能夠有效地展示屋主收藏，同時為空間聚焦。建議在客廳的主視覺牆面上規劃一處專為展示品而設計的收納櫃，體現個人風格與空間美學態度。例如，如果屋主有大量的書籍收藏，可設計特色書牆，將屋主的興趣和品味融入空間之中。

D——運用創意造型與色彩賦予空間亮點

創意造型和跳色應用的展示櫃，能成為空間中的裝飾亮點，尤其是在家庭的公共區域——客廳更是需要。想要提升櫃體美感可在櫃體表面施加色彩或特殊的材料處理，如亮面漆、金屬飾面或是紋理豐富的木材，不僅可以增添櫃體的線條美，也能讓整個空間看起來更為立體及有層次。

🔍 隱藏收納應用客廳

Ⓐ——隱藏收納淺色、懸空設計減少壓迫感

在客廳設計中，一整面的電視收納櫃非常常見，可以結合玄關鞋櫃、儲物櫃、電視主牆及書牆等，這種大型收納櫃提供了豐富的儲物空間，但同時可能讓客廳視覺感受壓迫，如果計劃設置這樣的收納櫃，建議透過隱藏門片設計保持視覺上的統一和整齊，並選擇白色或其他淺色調作為櫃體顏色，確保空間的明亮和開闊感。此外，也可將櫃體底部離地 10 公分以上，利用懸浮設計創造輕盈視覺。

Ⓑ——門片收納賦予更多儲物空間

客廳電視牆的隱藏收納設計常見包括嵌入式和封閉式。嵌入式櫃體與牆面融為一體，看起來如同建築的一部分，因為藏入牆面內能有效放大場域視覺，但能用的收納空間相對較小；而如果需要更多儲物空間則可選擇封閉式收納，其透過門片確保外觀的整潔，同時內含碩大的收納滿足置物需求。

圖片提供__禾光室內裝修設計

圖片提供＿築樂居

Ⓒ——大型櫃體透過弧形邊角增添流線美感

傳統電視櫃多採直角設計，若希望打破視覺單調，可考慮採用木工製作弧形邊角並進行噴漆處理。這種弧形邊角不僅增添流線型的動態美感，也能消除不必要的尖角。此外，導弧設計的收納櫃可以延伸至整個室內，實現視覺上的統一與整合。建議櫃門交替使用鏡面和木質材料，這樣不僅豐富了櫃體的表情，也自然融入空間，降低其存在感，轉而成為裝飾空間的一部分。

D——無把手設計創造各種方向開門

對於地面有高低差的空間，採用上掀式設計將地板轉化為櫃門，可實現大量隱藏式收納。立面則善用櫃體厚度、輔以隱藏把手，將櫃體偽裝成牆面，即使空間佈滿收納櫃也無侷促、沉重感。

E——分割線條增加空間焦點

櫃體門片通常是為功能而設計，設計時可能過於簡單平凡。然而，只需幾個簡單的調整，即可顯著提升其視覺效果。例如，設計平滑且無把手的隱藏門片，在整體設計中加入分割線條裝飾，這樣不僅解決了視覺上的單調，還能使收納牆成為空間焦點，增添美感與現代感，賦予視覺吸引力。

圖片提供__蟲點子創意設計

尺寸收納應用於客廳

圖片提供＿大見室所

Ⓐ——客廳收納櫃深度 35 至 40 公分符合大部分需求

客廳櫃體尺寸若無需特別突出的展示品,建議將櫃體深度設計為 35 至 40 公分,不要超過 45 公分,這樣的深度不但適合擺放電視,展示物品也剛剛好,不會因為櫃體太深而模糊了展示效果。建議內部層板的高度要比展示品高 4 至 5 公分,並運用活動層板保有使用彈性。而就櫃體形式而言,落地式的設計帶來穩重的感覺,懸空櫃體則能營造輕盈的視覺效果,可根據實際需求做選擇。

Ⓑ——視聽櫃深度 45 至 60 公分,視設備而定

客廳視聽櫃規劃隨著設備日趨電子化和輕薄化,再加上小型空間對於每一寸的利用都非常重視,壁掛式設備越來越受到青睞,有著節省空間的優勢。但對於還需要使用電器櫃的情況,可以考慮使用系統櫃的設計方法,櫃體的標準寬度一般為 30、60、90 公分,而深度則介於 45 至 60 公分之間,不建議小於 45 公分,以免設備放不進去。而如果需要容納玩家級視聽設備,應將櫃深增至 60 公分以上,以確保厚重的音響線材有足夠空間安放。

⚲ 儲藏室收納應用於客廳

圖片提供＿構設計

Ⓐ——客廳畸零區打造儲藏室，令外部整潔有序

許多房屋中因為樑柱而帶有畸零空間，這些不規則的空間往往令人頭疼，不易利用。但將這些空間轉變為儲藏室不僅能夠最大化房屋的使用效率，還能增加房屋的實用性和整體美觀。例如，此案利用樓高與電視牆後的畸零空間設計頂天立地的大型儲藏室，並且與電視牆結合，這樣的設計不僅提供了豐富的收納空間，也能創造出立體且富有層次感的視覺效果。深達 70 公分的適合擺放如健身車、嬰兒車等大件物品，同時也可以容納餐具、廚具及家電等日常用品。此外，層架可以根據需要進行調整，將雜亂無章的物品整理得井井有條，減少外部收納櫃，令客廳空間更為整潔。

圖片提供＿構設計

B —— 1 至 1.5 坪客廳儲藏室滿足大部分收納需求

通常玄關或客廳設置 1 至 1.5 坪的儲藏室就足夠應付大部分的收納
需求了。過大的儲藏空間可能會導致物品紊亂，使得整理和維護變
得更加困難。此外，在裝潢前進行物品盤點和規劃至關重要，這可
以根據物件的尺寸和使用頻率設計合適的收納區域，使收納工作更
加高效。此外，如果需要收納如吸塵器這類大型電器的情況，不僅
要考慮擺放空間的大小，還應與設計師協商，設計包括充電插座在
內的專用收納區域。

其他收納（收納盒、五金）應用於客廳

Ⓐ——利用滑軌、鐵件創造強度收納

電視櫃的設計通常根據用戶的需求來規劃。一般而言，電視可以放置於櫃體內部，或者懸掛於壁面，另一選擇是採用可平行移動的軌道式電視牆，使得所有管線都隱藏起來，進而達到視覺上的簡潔與整潔。然而，確保管線在電視移動時不在櫃內纏結是一大挑戰，通常需要使用支撐力強勁的鐵件來做懸掛液晶電視的主要建材。此外，電視也可以直接放置於櫃體上，利用背牆的材質或顏色來創造特定氛圍，增添生活的質感。

圖片提供__王采元工作室

CHAPTER

4 ____ 餐廳

圖片提供＿蟲點子創意設計

餐廳不僅是家庭聚餐的場所，同時，也是接待客人的重要空間，
因此，合理規劃餐廳的收納和展示空間十分重要。本章節將透
過巧妙的收納技巧提升空間使用效率，創造出既溫馨又實用的
用餐空間。

收納技巧_____

針對體積較大且在使用過程中會產生蒸氣的廚房家電，如電鍋和飲水機，需要特別注意散熱和蒸氣問題的處理。建議將這些家電收納在設計有抽拉式盤的櫃子中，方便使用，還有助於家電散熱，保護櫃體免受蒸氣損害。此外，考慮在這些家電的擺放位置上方採用開放式設計，也可以有效減少蒸氣對周圍櫥櫃板材的影響，延長櫥櫃的使用壽命。

在設計餐櫃抽屜的內部分格時，應以使用便捷性為原則，並根據個人的使用習慣和偏好進行個性化配置。例如，對於刀、叉、筷子和各種大小的湯匙等小型但種類繁多的餐具，最適合使用薄型抽屜進行整齊的擺放。這樣不僅可以方便取用，也利於保持整潔。而對於體積較大或形狀各異的物品，如餐墊、紙巾、碗盤、咖啡杯、茶具和茶罐等，則應考慮使用較深的抽屜或可調節的活動層板來適應不同尺寸的收納需求。

🔍 動線收納應用於餐廳

Ⓐ——餐廳收納以全家人用餐動線規劃

餐廳收納應以全家人用餐動線為基礎進行規劃。由於餐廳通常與客廳相鄰，建議在客廳至餐廳之間設計一整面的櫃牆，整合收納和展示功能，同時也自然區分兩個場域。靠近餐桌的區域則適合擺放日常餐具及與用餐相關的物品，如醬料和調味品等方便取用。此外，餐廳中的小吧台，從平台延伸出來的設計不僅可以作為空間的分隔，其下方空間也適合用來收納廚房小物和備用電器等物品，有效利用每一寸空間。

Ⓑ——分類→考量使用頻率→歸位

為了便於取用餐具，首先應按功能將碗盤進行分類：例如，將麵包盤放在一起，湯盤和大型盤子各自分組，而專為宴客準備的餐具則另行擺放，分類後，根據使用頻率和大小將它們整齊地排列在餐櫃中，而對於餐桌裝飾品，如燭台和餐桌巾，因為通常只在特殊場合使用，使用頻率不高，建議先將它們放入盒子中避免受損並收納於櫃體下方。

Ⓒ——合理擺放家電確保便利與安全

在電器櫃中，適當擺放家電是提升便利和安全的關鍵。例如烤箱、蒸爐和微波爐等大型電器，應考慮到使用者的身高來決定放置的高度，以確保操作方便。而當進行上下堆疊配置時，建議以上方電器的適宜高度為準則，從上至下逐層配置，特別是烤箱這類使用頻率高且體積重的電器，最好放置在中間或下方位置，這樣不僅便於拿取食物，也大幅度降低操作過程中因高溫造成的燙傷風險。

圖片提供＿禾光室內裝修設計

展示收納應用於餐廳

圖片提供__築樂居

Ⓐ——展示餐櫃增添空間設計感與用餐好心情

隨著時代變遷，越來越多餐桌融合書桌或工作桌等多功能特。因此，餐廚櫃體也常兼具書櫃和展示櫃的機能，不僅可以擺放常用的杯盤和餐具，也可根據需要展示其他物品。在選擇或設計這類櫃體時，可以考慮使用現成的餐櫃，或設計一個深度略淺的展示櫃，以適應不同物品的展示和收納需求，確保櫃體的實用性與美觀性。

Ⓑ——餐櫃搭配層板提供變化與立體層次

透過層板的巧妙配置，不僅為餐廳提供了變化性和立體感，更增加了空間的輕盈視覺效果。從餐具到裝飾品，每一樣都可以有序地展示與擺放，此外，層板也便於用戶根據需求調整空間大小，無論是大型烹飪器具還是細小的餐桌配件，都能找到適當的位置。

🔑 隱藏收納應用於餐廳

Ⓐ——嵌入式餐櫃收納廚房家電於無形

餐櫃採取嵌入式設計能有效收整大型家電於無形，令櫃體與牆面融為一體，讓整體空間更為完整。這種設計特別適用於冰箱、烤箱等體積較大的電器，讓它們看起來如同空間的一部分。而麵包機、攪拌機等小型家電，則可以將它們收進櫃體中，利用門片、滑盤或抽屜將其隱藏，保持立面視覺平整。此外，櫃體採用拉門設計也是隱藏收納的利器。

Ⓑ——順應樑下創造隱藏收納

即使是被視為佔用空間的畸零角落，只要善用樑柱的結構來賦予收納功能，缺點也能轉化為優點。畸零區的規劃應該根據其位置及使用者的具體收納需求來規劃。例如，如果想收納大量雜物，順應樑下打造隱藏式收納，既能增加實用的收納空間，同時抹平空間的凹凸不平感。

圖片提供＿蟲點子創意設計

尺寸收納應用餐廳

A——因應空間與使用需求決定餐櫃尺寸

餐櫃的深度,一般建議在 20 至 50 公分之間,這樣的尺寸範圍能滿足大部分收納需求,而根據上下櫃的功能差異,深度也可能會有所不同。櫃門的寬度也因不同的門款式而異,單扇門的櫃子寬度通常是 45 公分,對開門則有 60 或 90 公分的選擇,而三至四扇門的餐櫃寬度則通常超過 120 公分。內部層板的高度可調範圍通常在 15 至 45 公分之間,以適應不同高度的物品。例如,擺放馬克杯或咖啡杯可能只需 15 公分高的空間;而擺放酒瓶或大型展示盤則可能需要約 35 公分的高度,因此建議使用可調節層板靈活應對不同物品的擺放需求。此外,大型的電器,可以訂製專門收納的櫃體,建議櫃體的寬度至少要 60 公分,可以收納微波爐和烤箱等尺寸較大的電器。

B——紅酒架深度為 60 公分,寬 X 高為 10 X 10 公分

如果有小酌的習慣,想要妥善擺放紅酒,一般應將酒瓶平放在陰涼且通風的地方。特別注意,紅酒架的深度不能太淺,以確保瓶身能夠穩定地擺放,並能防止在地震等情況下酒瓶因晃動而掉落。一般而言,建議紅酒架的深度設置為 60 公分左右,能更好地固定瓶身。而若要確保瓶口部分不易脫落,則架子的寬度和高度設計為 10 公分 ×10 公分即可。如果是收藏多種不同尺寸的酒類,可以考慮設計一個能夠展示各種瓶型的展示架,使之成為空間的裝飾亮點。

圖片提供＿蟲點子創意設計

儲藏室收納應用於餐廳

攝影__汪德範／圖片提供__王采元工作室

Ⓐ── 靠近餐廳的小房間改為儲藏室增加收納

在許多新成屋中,為了強調房間數量,經常會出現一些實用性不高的小房間。對於這樣的空間,建議將其規劃為集中式儲藏空間,這比在家中設置無數隱藏收納更為實用,也避免了物品散落不知所蹤的問題。特別是在餐廳,設立一個儲藏區域用於擺放調味料、米、麵條、乾貨等非冷藏食材及廚具、餐具和小型家電等,不僅能夠使這些物品井井有條,也便於日常使用。由於這些物品的收納需求各不相同,餐廚的設計規劃時應充分考慮到它們的特性和擺放要求,以確保空間的合理利用和整潔度。

Ⓑ── 餐廳旁儲藏室收納廚房電器與雜物

餐廳附近如果有儲藏空間非常適合用來擺放廚房電器和雜物。但在規劃這樣的收納空間時,應先確定將要擺放的電器尺寸,並預留足夠的電線走線孔和插座。這樣不僅能夠方便日後電器的安裝和使用,還可以將不常用的電器儲存於此,保持餐廚外觀的整潔。

⚲ 其他收納（收納盒、五金）應用於餐廳

Ⓐ──玻璃罐儲存食材實用且美觀

近年來，使用玻璃罐作為居家收納容器愈發流行，相較於塑膠材質，玻璃不易殘留食物的味道，且不會隨時間產生異味，更能有效防潮，因此，玻璃罐特別適合用來儲存乾貨，如米、義大利麵條以及綠豆、薏仁、紅豆等雜糧。注意，若用於擺放醃漬物如醬瓜或醬菜，應確保玻璃罐的密封條能夠嚴密封存，並將其放置於冰箱或其他陰涼處以延長食物的保鮮期。

Ⓑ──收納箱收整餐廳雜物、食材

市面上有著各種收納輔助用品，其中收納盒和箱子尤為常見。霧面收納箱特別適合用來整理餐廚小物，其半透明的霧面設計不僅美觀，還能方便快速查看內容物。這種收納箱的另一大優點是提供多種尺寸選擇，讓人能夠根據具體需要精確選擇，有效利用每一寸空間。由於霧面收納箱通常設計為四角形，整齊排列能使空間看起來更為井然有序。而為了進一步提升使用便利性，用戶可以在收納箱上貼上分類標籤，這樣一來稍微蹲下來就能迅速辨認出箱內的物品，方便尋找。

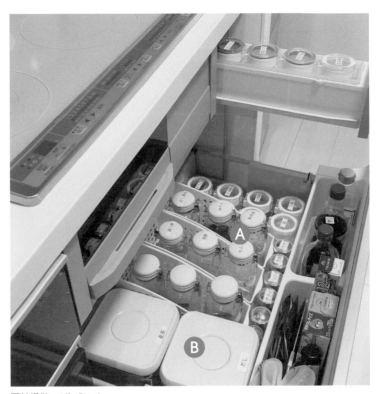

圖片提供__ Lily Otani

CHAPTER

5 —— 廚房

攝影__ hey!cheese ／圖片提供 _ 太硯設計

廚房空間不大，卻是料理三餐與收納鍋碗瓢盆的主要場所，本章節依照收納 6 方法提供廚房設計與收納的全面指南，從廚房動線規劃到廚具尺寸及收納的詳盡介紹。以及在設計上應考慮的操作空間和安全性。

收納技巧

在廚房的料理檯區域，設計的優劣會直接影響烹飪流暢度和心情。將料理檯視為一個效率高的料理工作站，四個關鍵區域包括：水槽下方、瓦斯爐下方、上方櫃體及料理台下方抽屜。這些區域應優先安排常用工具和材料，以便快速取用，而不常用的物品則放置於廚房的其他儲藏區，保持料理區的高效和整潔。

在廚房中，由於電器裝置通常會產生熱氣或水氣，當我們將這些電器收納於櫃中時，必須在櫃體設計中考慮到透氣和散熱的需求：櫃體應設計有排氣孔，並在層板與門板之間留足空間，確保濕氣和熱氣能有效排出，如未妥善處理，木製櫃體可能會因長期潮濕而導致表面膨脹或貼皮剝落。

🔑 動線收納應用於廚房

Ⓐ──廚房常見布局為一字形、L形、二字形、ㄇ字形

根據家庭的居住面積和格局，餐廳和廚房可以選擇獨立設置或採用開放式的合一設計。廚房的常見布局包括一字形、L形、加中島的二字形，以及ㄇ字形。對於小面積的家庭住宅，一字形和L形較為常見，而二字形和ㄇ字形則需要規劃適當的通道寬度和足夠的收納空間。由於廚房中水火作業區的尺寸大多固定，增加收納空間的方法之一是調整中島的深度，以擴大下櫃的儲物空間；或者設計大型獨立櫃體來滿足收納需求。

Ⓑ──冰箱→水槽→瓦斯爐順序最佳

在規劃廚房的主要工作區時，理想的配置順序是：冰箱→水槽→瓦斯爐。這種布局符合大多數家庭烹飪的使用習慣，能使食材處理流程更順暢。冰箱應位於洗滌區的附近，以方便食材的清洗和處理，如果廚房空間有限，一個常見的解決方案是將冰箱置於廚房外，但仍應靠近廚房入口以便取用。再來是烹飪區，瓦斯爐的位置也非常重要，即便空間緊湊，瓦斯爐也不應緊貼牆面，才能確保擁有足夠的操作空間。

Master room

Bed room A

Bed room B

Living room

Bath room

Dining room

B Kitchen A

Stroage room

Balcony

圖片提供__蟲點子創意設計

圖片提供＿蟲點子創意設計

C——一字型、L 型廚房收納集中於料理動線上

一字型、L 型廚房將收納空間集中在料理動線上是最佳的布局方式。對於經常使用的廚具和日常調味料，如鍋碗瓢盆及柴米油鹽等，應根據使用習慣和烹飪流程進行合理的擺放。例如，如果以輕食為主，可能不需過多鍋具，將必要的烹飪工具放在爐台下方的收納櫃中，而調味料則可以放置在靠近爐台的備餐檯面上方，能夠隨手取用。至於杯盤等，可在上方櫃體中採用疊放方式收納，而鮮少使用的電器或儲備食材則擺放在料理檯下方的櫃體中，這樣的布局不僅提升空間效率，也使廚房操作更為順暢。

D——ㄇ字型、二字型廚房主工作檯面收納常用器具

通常選擇ㄇ字型或是二字型中島廚房設計的人，往往是烹飪愛好者，對於喜歡烹飪的人來說，這樣的布局可以提供充足的備餐空間。隨著烹飪技術的進步和對烹飪的熱情增加，所擁有的廚房工具和器具往往會逐年累積，因此，建議在主工作檯面上優先收納常用的器具，而其他檯面則擺放不常使用的物品。此外，建議每年至少整理一次器具，根據季節變化或烹飪偏好的改變，調整常用器具的位置，把最近常用的工具移到主工作檯面，增加廚房使用便利性。

🔑 展示收納應用於廚房

Ⓐ —— 開放式層板減輕視覺壓迫

廚房採用簡潔的開放式層板替代傳統的吊櫃，可以有效減輕視覺壓迫感，增強空間的透明度和開放感。這樣設計令擺放的物品一目了然，使用起來更加方便。而開放層板的另一優點是能直接展示鍋具和廚房用具，既實用又具有裝飾效果，為視覺聚焦。然而，這種設計也存在一定的缺點，如較易積灰、容易凌亂等。因此，在選擇這種設計方式時，需要考慮到清潔的便利性，並定期進行打掃以維持櫃架的整潔。

Ⓑ —— 開放式吊櫃兼具機能與美學

中島吧台上方可訂製配備照明的開放式吊櫃，不僅實用，也具有設計感。吊櫃可以用來懸掛鍋具或杯具，使它們易於取用，同時也適合展示各種居家飾品，如盆栽、酒杯等，豐富空間的視覺層次。而增加照明能為整個空間提供充足的光源，使得操作區域更為明亮。

圖片提供__大見室所

🔑 隱藏收納應用於廚房

Ⓐ──門片隱藏收納保持廚房整潔美觀

由於廚房中各種家電、食物、乾糧的尺寸和用途各異，且外觀上的
顏色和形狀多樣，容易造成視覺上的雜亂感，因此推薦使用有門片
的隱藏收納，有助於保持廚房的整潔與美觀。

Ⓑ──嵌入式廚房家電展現視覺一致性

要無形收納電器，嵌入式設計是一個常見選擇。對於空間較大的廚
房，可以考慮延伸廚具，這樣不僅增加了收納空間，還能整合烤箱
和蒸爐，甚至與冰箱連接，實現廚房電器整合；而小型廚房，雖然
可能難以在初期規劃時就預留足夠空間嵌入冰箱，但其他小型家
電，如烤箱，仍可以進行牆面整合，這種設計方式不僅節省空間，
還能增加廚房的美觀和一致性。

圖片提供__大見室所

尺寸收納應用於廚房

攝影＿ Dayform Studio ／圖片提供 _ 太硯設計

Ⓐ──考慮廚具高度確保操作與收納舒適度

在現代廚房設計中，廚具的標準高度通常設定在 80 至 90 公分，吊櫃的適宜高度則建議設在距地面 145 至 155 公分，中段保留 60 至 70 公分的高度差，以符合大部分使用者的操作。而需要置頂的吊櫃，應根據使用者的身高和使用習慣進行個人化調整，以確保廚房空間的實用和舒適。

Ⓑ──料理台寬度 70 至 90 公分便於進行食材處理

在廚房規劃中，料理的動線通常包括水槽、備料區與爐具三個主要部分。水槽和爐具的位置通常按照標準尺寸設置，而位於中間的備料區域，建議寬度為在 70 至 90 公分之間，方便進行食材處理，而根據使用者的需求和廚房使用人數，這個寬度可以適當調整。但對於小坪數的廚房，備料區的寬度也不應少於 45 公分，否則可能使用不便且容易凌亂。

C ——廚房上櫃深 45 公分，下櫃深 60 公分

廚房上櫃通常用來收納輕型物品如杯盤、調味料和其他小型備品，為了不干擾下方工作區的使用，這些上櫃的深度通常設計約為 45公分，而需要擺放鍋具、沙拉盤等重型或大型物品的下櫃，則通常會設計較深，約 60 公分，以配合水槽和料理工作檯面的使用需求。下櫃選擇抽屜和門片兩種收納，能令使用更加靈活，特別是抽屜，建議設計約 50 公分深，這樣的深度最適合抽取使用，便於快速取用和整理廚房用具。

D ——走道寬度 90 至 130 公分，方便兩人同時使用

在設計廚房走道時，建議保持 90 至 130 公分的寬度，確保可以容納兩人同時使用，特別是開放式廚房設計，通常將餐廳和廚房區域合併，餐桌或中島桌與料理檯面之間的過道也應保持此距離，不僅有利於空間合理利用，還能使食物從料理檯面端到餐桌時更加方便快速。

攝影＿ hey!cheese ／圖片提供 _ 太硯設計

🔍 其他收納（收納盒、五金）於廚房

Ⓐ—— L 型廚房轉角善用五金配件增加收納

L 型廚房是適合小家庭的理想選擇，藉由它可以有效地整合收納空間和用餐區。然而，在轉角處的抽屜和櫃門往往是收納黑洞難以拿取物品。為了充分利用這些角落空間，可以善用五金配件，如蝴蝶轉盤、小怪獸、半圓式轉籃等，這些都有固定的標準尺寸可供選擇，幫助廚房於提升收納效率。

Ⓑ——側拉式收納籃貼合廚房畸零空間增加收納

在廚房設計中，由於設備和櫃體尺寸固定，經常會產生一些畸零空間讓人感到頭痛，為了有效利用這些縫隙，可以考慮使用側拉式收納籃來增加收納空間。最常見的解決方案是使用寬度不超過 30 公分的四層收納籃，其深度通常為 60 公分，非常適合放置小物件或瓶瓶罐罐，但選擇這種收納籃之前，最好先精確測量廚房的空間尺寸後再規劃使用。

攝影＿汪德範／圖片提供＿王采元工作室

插畫＿ 黃雅方

攝影＿蕭探／圖片提供＿素樂研舍空間設計

◉——利用收納盒有效收納

因為每個人對廚具用品的偏好不同，建議根據個人的需求來設計收納方式。首先種類繁多、形狀和尺寸各異的廚房小物，適合使用抽屜式收納盒，這樣可以更有條理地整理這些小物件；鍋具等較大件物品，則需要使用較長較深的收納盒，以便整齊地擺放各種形狀的廚房用具；此外，各種保存容器，將容器與蓋子分開收納，並採用疊放方式，可以有效節省空間；至於易碎的玻璃容器，則建議使用重疊收納以減少碰撞風險。

CHAPTER

6 ＿＿＿＿ 書 房

攝影__ Dayform Studio ／圖片提供__太硯設計

雖然書房不是居家必備空間，但它經常是家中可以安心沉思的
地方，在考慮書房的收納設計時，重點是要避免空間顯得雜亂
無章，面對可能堆積如山的雜誌和書籍，如何設計書房和書櫃
使其既整潔又能擺放更多物品常是挑戰，透過收納 6 方法找到
最佳解法。

收納技巧_____

獨立的書房空間非常適合作為辦公區域,書房內的櫃子
不僅可以用來陳列藝術品,增添美觀,同時也適合擺放
書籍與文件。此外,角落處可以設計一個專門放置事務
機的櫃體,這種多功能的櫃體可以滿足各式各樣的設備
擺放需求,增強收納的功能性。

文具往往在不經意間逐漸累積,因此在空間變得擁擠之
前,應該先將所有物品取出來檢查使用頻率。對於不再
需要的物品,應該果斷丟棄,再將剩餘物品按照筆、工
具或耗材等類別進行分類。為了便於管理並快速找到需
要的物品,可以使用抽屜分類盒來進行區域整理,將常
用的物品放在抽屜前方,可以更方便取用。

書桌上可以擺放小型硬質收納箱,專門用於擺放文具用
品、名片、文件等工作相關物品。而由於桌面空間有限,
收納應該向上發展,隨著需要收整的小物品數量增加,
除了定期進行整理之外,收納箱也可以逐層向上堆疊,
有效利用空間。

🔑動線收納應用於書房

Ⓐ──依照年齡、閱讀頻率決定書籍擺放位置

書本的優點在於具有明確的邊界，只要整齊擺放就不易凌亂。然而，困難在於看完後是否能夠立刻放回原處，需要時是否能迅速找到。除非是家中藏書成千上萬，否則一般家庭的藏書，不必按內容分類，可以年齡與閱讀頻率區分，兒童書籍可以放在較低的架子上，成人的書則可以按閱讀的頻率和展示收藏來劃分，常讀的書籍應放在容易取得的位置，而展示或收藏的書則相反，珍貴且充滿回憶的書籍可以收在封閉式的櫃子中好好保存。

Ⓑ──小朋友書籍依照閱讀動線收納

小朋友的書籍和玩具可以單獨設置一個區域收納。在收納時，應該將「讀書區」與「遊戲區」明確分開。課本、參考書和筆記本等應該放在書桌區，保持與視線平等的高度，方便於學習使用；課外讀物則放在較遠之處，或者與全家人的書籍一起收納在書櫃中。至於玩具，則根據大小進行分類，並按照小朋友的身高安排收納以方便拿取，如果想培養孩子主動整理的好習慣，可以盡量使用開放式的櫃子，讓孩子更容易自行拿取和收納。

圖片提供__禾光室內裝修設計

⚲ 展示收納應用於書房

圖片提供＿ FUGE 馥閣設計集團

Ⓐ──頂天立地書櫃中間開放、上下門片好拿取又美觀

從人體工學的角度來看，超過 210 公分的書櫃高度較為不便使用。
然而，從收納角度考慮，較高的書櫃自然可以放置更多書籍。因此，
建議將書櫃劃分為上、中、下三層，常用的書籍放在中段的開放式
架子上，方便拿取；不常看或是收藏的書籍則可以放在上層和下層，
並加裝門片避免灰塵。

Ⓑ──帶溝槽淺層架展示書藏

除了將書籍直立並集中在書櫃中外，對於一些珍藏的書籍，也可以採用展示方式來陳列，一個常見的方法是在牆面上安裝帶溝槽的淺層架，由於是為了展示書本，這些架子的深度通常只需大約 5 到 8 公分，令書本以封面朝前的方式展示，便於觀賞。相同的淺層架也適用於展示 DVD、VCD 等。

圖片提供＿構設計

🔑隱藏收納應用於書房

Ⓐ——大型書櫃嵌入牆體減少壓迫感

當書籍數量眾多時，雖然需要足夠的櫃子來收納，但為了不讓空間看起來過於擁擠，如何巧妙地隱藏並減少空間中櫃體體量便成為關鍵，建議可以利用空間的深度，設計書櫃使其看起來似乎是嵌入隔間牆中，這樣不僅解決了櫃體佔用空間的問題，無論是用於展示還是收藏，都能為家中增添一道美觀的風景。

Ⓑ——書櫃從材質、配色、整體設計考量

書櫃的設計最好是開放與隱蔽兼備，並注意保持適當的比例分配，以避免書櫃看起來雜亂或笨重。具有門片的隱蔽式書櫃應注重實用性，內部可以設計可調整高低的層板，以適應不同尺寸的書籍。除了實用外，美觀也十分重要，建議在選擇材質、配色和整體設計上下功夫，例如選擇美觀的木皮來貼面，或使用金屬元素打造流行的工業風格，都可以提升書櫃的設計感。

Ⓒ——燈帶、懸空設計營造輕盈視覺

若櫃體填滿整面牆，為了避免視覺上過於緊繃，可以考慮使用上下方向的燈帶設計，利用照明來創造櫃體的浮動輕盈感。另外，讓櫃體底部離地約 5 到 10 公分，也有助於減輕對空間的視覺壓迫。

攝影__ Dayform Studio ／圖片提供__太硯設計

尺寸收納應用於書房

攝影＿ hey!cheese ／圖片提供＿太硯設計

A——書櫃深 30 公分，選用厚 4 至 6 公分板材確保承重

當書籍數量增多，相應的重量也會增加，因此選擇合適的層板材質和確定書櫃尺寸十分重要。收納雜誌的書櫃層板高度應超過 32 公分，而如果是擺放普通書籍，層板可以較低，但深度仍應超過 30 公分，以適應較寬的外文書或教科書，並選用厚 4 至 6 公分的板材確保承重。

B——書櫃跨距控制於 80 至 100 公分避免層板變形

在進行裝修時，用於書架的板材通常選用木芯板，建議厚度至少為 2 公分，跨距最好控制在 80 至 100 公分範圍內，如果寬度超過 100 公分，應適當增加板材厚度或加強結構，並且大約每 30 至 40 公分設置一個支撐架以增強承載力。另一種方案是直接使用金屬板做層板，或者使用鐵管作為支撐架，因為金屬材質具有更好的承載能力，能有效避免層板變形的問題。

C——不規則間隔，美觀且可收納更多種類書籍、物品

對於藏書量豐富且尺寸各異的書籍，使用不對稱的書架設計反而能更好地實現有效收納，例如可將隔板間隔設定在 15 至 40 公分之間，創造出不規則的隔間大小，從大型的百科全書到小說，甚至漫畫和 CD 等，都可以被整理在同一個書架上。

🔍 其他收納（收納盒、五金）應用於書房

Ⓐ──書房臥榻增添閒適氣氛亦能大量收納

常見在書房的窗邊設置一整排臥榻，不僅能夠舒適地閱讀，也適合
與朋友聊天或深談。這樣的設計不僅增添了空間的閒適氣氛，還兼
顧了生活享受。臥榻下方則可設計為收納空間，採用抽屜式設計，
拿取十分便利，而如果空間和需求允許，上掀式的收納蓋也是一個
不錯的選擇。

圖片提供__禾光室內裝修設計

圖片提供＿構設計

B——和室書房下方設計上掀收納或抽屜收納

和室空間特有的架高地板提供了極佳的收納空間，常見的做法是製
作上掀式的九宮格狀櫃子，或是在側邊設置抽屜，兩者皆方便拉開
且易於取物，但抽屜的深度最好不超過 100 公分，這是因為過深的
抽屜裝滿物品後會過重，如果五金滑軌的品質不夠好，可能會難以
拉開，此外，和室前方還需要保留足夠的空間來完全打開抽屜。

CHAPTER

7 ___ 臥房

圖片提供__吾隅設計

對於現代人而言，臥房常具有多種功能，不僅是睡眠場域，也是更衣、盥洗、梳妝、閱讀等活動空間。在規劃臥房時，首先需要了解居住者對臥室的各種需求，然後根據這些需求來配置動線和收納，才能確保臥房的舒適使用。

收納技巧

根據統計，當衣櫃不設置抽屜而全部採用吊掛方式收納時，可以達到最大的衣物收納量。吊掛區的衣物除了按季節分類外，還可以根據顏色和類型進行細分。例如，使用不同顏色的衣架來標示不同類別的衣物，這樣不僅可以清楚知道每類衣物的數量，也方便在選擇時迅速定位。要注意，吊掛衣物時不應過於擠迫，如果衣架太擁擠，不僅取用不便，也會限制衣物的「呼吸空間」。

近年來，越來越多人在臥房中設置一個專門掛放大衣或外套的空間，也就是二次衣區，這種櫃體通常採用開放式設計，吊桿的寬度設計為能掛 4 至 5 件穿過但沒有馬上要洗的衣物。

動線收納應用於臥房

A──臥房內更衣室動線依生活作息配置

臥房與更衣室之間的動線十分重要,如果動線不順暢可能會覺得來回跑而浪費時間,尤其是早晨時間比較急促時,不順暢的臥房動線如更衣室與衛浴分別位於睡床的兩邊等,就會令人感到十分焦躁不安,因此建議依照生活動線規劃臥房更衣室位置才能有效使用。

多功能
(孝親房)

儲藏間

B──臥房內更衣室和浴室常見兩種配置

一般而言,更衣室和浴室布局可以分為兩種配置方式:

(1) 一字型:這種配置將臥房、更衣室和浴室按一直線排列,更衣室位於床鋪與浴室中間,令更衣動線直覺順暢。然而,這樣的配置有一個缺點:更衣室鄰近浴室,可能會使衣物吸收浴室的濕氣和異味。

(2) 分隔式:這種配置方式將浴室與臥房及更衣室分開,另設一個獨立的空間,浴室仍與臥房相鄰,但隔開更衣室與浴室,解決一字型配置的問題。

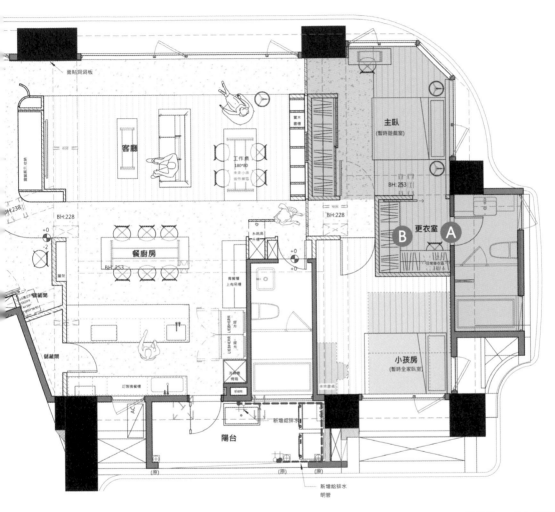

圖片提供__日作空間設計

展示收納應用於臥房

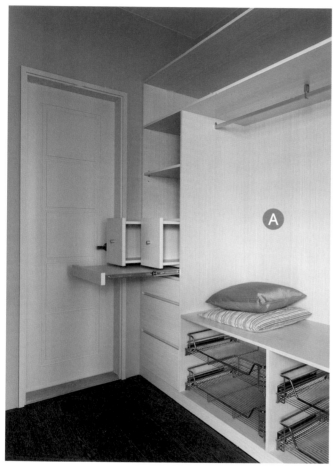

圖片提供__禾光室內設計

Ⓐ——開放式衣櫃減少空間壓迫感

對於坪數較小的臥室，狹小的四壁若再擺入一個大衣櫃，會使空間
顯得更加侷促，尤其是從地面直達天花板的大型櫃體，往往讓房間
顯得擁擠不堪，這時可以考慮訂製開放式的層架，或量身定做適合
尺寸的系統家具，不設門片不僅節省空間，還能在視覺上減少原本
衣櫃的壓迫感，使空間感覺更為寬敞，衣物拿取也更為方便。

B——開放層板為小房間增加輕盈美觀

對於面積較小的房間，如果想要打造更多收納空間，可以考慮沿著牆面安裝開放式層板，這樣的設計不僅提供充足的收納，而且因為沒有門片，使得視覺上顯得更為輕盈和美觀。此外，這些層板還可以讓書籍和其他物品成為裝飾牆面的元素，增添空間的美感。

C——結合衣櫃與梳妝台，利用層架達到最大收納

當居家空間受限時，利用複合式設計可以整合不同的功能區，例如將化妝台與書櫃、衣櫃結合，共享同一收納空間，這不僅節省空間，也兼顧美觀。若想將衣櫃與梳妝台結合，可以將梳妝台的深度增至 60 公分，滿足衣櫃所需寬度，讓每一寸空間都能有效利用，達到最大的收納效果。

圖片提供__吾隅設計

🔑 隱藏收納應用於臥房

Ⓐ——利用床頭背牆滿足大量收納

床頭後方的背牆非常適合作為收納空間，可以設計為床頭櫃或層板。如果空間夠大，可以用來收納不常使用的衣物、棉被及其他雜物；層板則可以增加立面的視覺變化，適合擺放床邊書籍、展示品或盆栽。選擇與壁面相同顏色的櫃門令視覺減少壓迫感，讓櫃體融入整體設計中，或是也可以考慮特殊的設計來突出特色。

Ⓑ——隱藏式收納利用門片創造多樣視覺

無論是衣櫃或是床頭櫃可以利用門片來創造多樣視覺，常見的有實木貼皮、美耐板和鋼琴烤漆。實木貼皮是以木心材或密度板為底，外層覆蓋實木皮，能呈現溫潤且厚實的感覺；美耐板則以其耐刮特性著稱，市面上也提供各式仿木紋或金屬花色選擇；鋼琴烤漆具有光亮的表面和優良的質感，而門片內部可設計掛鉤或其他配件作為收納用。

圖片提供__吾隅設計

尺寸收納應用於臥房

圖片提供＿構設計

Ⓐ—— 衣櫃吊掛區 190 至 200 公分，層板跨距 90 至 120 公分

衣櫃的基本規劃通常包括衣物吊掛區、折疊衣物區和內衣褲收納區，還有放置行李箱、棉被及過季衣物等雜物的空間。對於標準的 240 公分高的衣櫃，一般建議吊掛區的高度不超過 190 至 200 公分，這樣的設計可以在上層留出足夠空間擺放雜物；下層空間則可根據需要配備抽屜或拉籃，以方便取用低位物品。此外，還需考量層板的耐重能力，層板的跨距應控制在 90 至 120 公分以內，以確保安全和耐用。

Ⓑ—— 衣櫃按照個人需求分開收納，精準掌握尺寸

衣櫃的收納空間可按照個人需求分開安排，這樣方便根據各自的衣物類型進行收納。建議針對男性和女性的衣物進行分類規劃。例如，衣櫃的吊掛高度通常設置為 100 公分，但對於女性洋裝或長大衣等需要更多空間的服裝，吊掛高度可以調整至 120 至 150 公分；而男性的西裝、襯衫等大件衣物，若不想讓衣物與層板接觸，可以適當降低下層抽屜的高度，或設置短褲吊掛空間（50 至 60 公分），為上層吊掛區創造更多高度空間。

Ⓒ——門片、拉門、開放式衣櫃深度皆不同

針對側面吊掛式的衣櫃設計，其深度應與一般人的正面肩寬相仿，約為 55 至 58 公分。因此，衣櫃的最小深度應設為 58 公分，再加上門片的厚度大約 2、3 公分，開門式衣櫃的總深度需為 60 公分；而拉門式衣櫃因需額外考慮門片的厚度，其總深度則介於 65 至 70 公分之間；開放式衣櫃時，深度可略減至 55 公分，更為靈活和開放。

Ⓓ——床鋪離衣櫃至少 60 公分

理想情況下，衣櫃與床之間的距離應保持在 90 公分左右，以確保人在行走時不會感到壓迫，同時開啟櫃門時也不會觸及床鋪。然而，如果臥室空間有限，卻仍然需要設置衣櫃時，則衣櫃與床之間的距離應至少保持 60 公分，並且選用拉門式衣櫃，以避免門片在開啟時碰到床鋪。

攝影__ hey!cheese ／圖片提供 _ 太硯設計

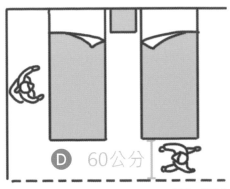

插畫__黃雅方

🔑 儲藏室（更衣室）收納應用於臥房

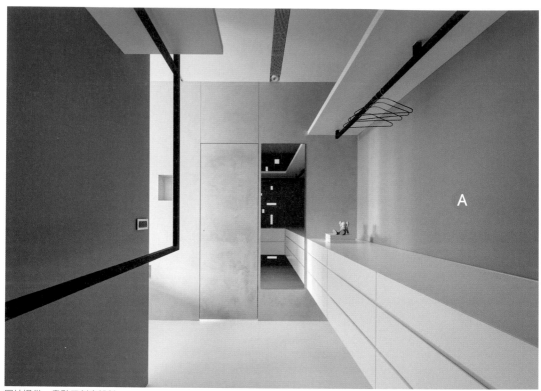

圖片提供__蟲點子創意設計

Ⓐ── 更衣室空間需 1 至 1.5 坪

為了確保空間的流暢感和避免壓迫，建議更衣室的空間至少需 1 至 1.5 坪，這也代表臥房內想要設置更衣室，面積至少需有 2.5 至 3 坪。而為了保持流暢的動線和主臥室的互動性，同時兼顧多功能的收納需求，可以回字形的動線來靈活劃分主臥空間，促進良好的互動。

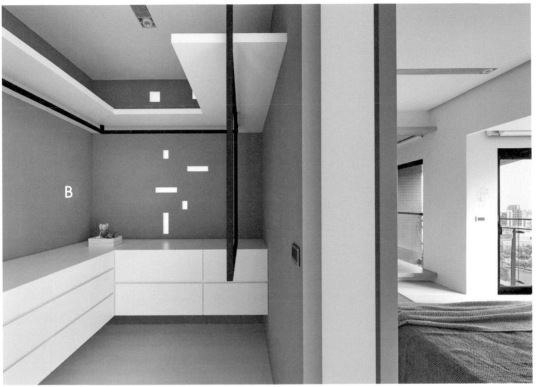

圖片提供＿蟲點子創意設計

Ⓑ——更衣室內開放式設計更好拿取衣服

更衣室的規劃應根據使用需求和衣物種類來設計，若是獨立的更衣空間，其實不需要門片櫃，反而開放式設計搭配抽屜等更一目暸然，能方便拿取衣物。

其他收納（收納盒、五金）應用於臥房

A──衣櫃五金提升空間使用效率

優化衣櫃收納空間可以考慮搭配多樣五金配件，以提升實用性和便利性。根據個人需求，可選擇各種功能性配件，如拉籃、衣桿、褲架、領帶或皮帶架、內衣褲分隔盤、襯衫抽屜架、吊衣鉤以及各類掛鉤和層架，還可以考慮安裝鏡架。這些配件都有側拉式設計，即便在空間較緊湊的更衣室中，也能方便使用，大大提升空間使用效率。

圖片提供＿禾光室內裝修設計

圖片提供＿禾光室內裝修設計

攝影__ Amily

Ⓑ——床下收納增加臥房收納空間

透過提升地坪高度,可以巧妙地利用床下空間進行延伸收納,床下的收納櫃可有多種用途,但在設計時需要注意:若櫃體深度較大,抽屜式櫃體可能會過長而難以拉動,並需留有足夠空間以供完全抽出;而上掀式櫃門則不受空間限制,但開啟時必須考慮五金的安全性和穩固性。

Ⓒ——利用收納盒整理較大的抽屜

對於尺寸較大的抽屜,可以使用配套的收納盒來整理衣物,幫助更有序地收納物品。在選擇收納盒時,建議選擇材質、顏色和大小相似的選項,這樣可以使抽屜內部看起來更為整齊一致。

CHAPTER

8 ___ 衛浴

圖片提供＿吾隅設計

雖然相較於其他居家空間，我們每天在浴室的停留時間相對較短，但浴室在家中卻扮演著極其重要的角色。這個空間面臨濕氣和易髒污的問題，因此裝潢和設計時的考慮也必須更加周全，透過收納 6 方法，找到衛浴收納的最佳位置。

收納技巧

夫妻之間通常會有各自的生活用品，如先生的刮鬍工具和太太的美體用品。若這些物品混放在同一個櫃子中，很容易在匆忙時錯置而引起爭執。借鑒高級酒店的衛浴設計，可以考慮將洗手槽和收納櫃分開設置，讓男女主人各有自己的私人物品收納區。這樣不僅能避免糾紛，還能為夫妻雙方各自保留一定的個人空間。

要使浴室收納整齊有序，單一的收納方式是不夠的，除了傳統的層架來平放或直立放置物品外，還可以加裝吊桿來懸掛毛巾和衣物。此外，也應考慮設置專用的收納籃空間，用於擺放待清洗的衣物，這樣可以使浴室空間更加功能化並保持整潔。

建議將使用完畢的打掃工具，如浴室用的刷子、海綿和刮刀等，採用吊掛式收納，安裝掛鉤於毛巾架上，將這些物品吊起來，可以讓它們自然風乾，這不僅更衛生，也有助於保持工具的耐用性，待物品完全乾燥後，再將它們收納到浴櫃下方。

動線收納應用於衛浴

A──衛浴設計優先考量人與空間互動關係

現代住宅常見雙衛浴設計,適合家庭使用,因此在規劃前首先需要
考慮家庭成員的人數和組成,如小家庭或三代同堂的需求會有所不
同。通常,家中的客用浴室多為小孩或長輩所使用,設計時應考慮
到他們使用的盥洗用品,並為這些用品提供適當的收納和使用空
間。例如,對於有小孩的家庭,為了讓孩子方便洗手而不弄濕衣服,
可能會設計下方懸空約30至40公分的浴櫃,下方可放置小凳子等。
透過思考空間利用與使用者的實際動態,確保細節都被妥善安排。

圖片提供＿ FUGE 馥閣設計集團

圖片提供＿吾隅設計

Ⓑ──毛巾擺放於使用動線上

毛巾的擺放應設置在拿取時最便捷的位置。例如，擦手巾可掛在洗臉盆旁，而浴巾則掛在靠近淋浴區處。浴巾架和毛巾架不僅作為收納用途，還可兼作浴室的扶手，增強浴室使用的安全性。若擔心毛巾的顏色和材質與浴室風格不符，或者不希望毛巾外露，可以考慮使用毛巾籃，擺放於櫃子中，便於將使用後的毛巾直接投入。

Ⓒ──整合衛浴畸零區提升面積、機能並創造順暢使用動線

衛浴空間經常有許多被忽略的小角落，例如走道和牆面等。在進行空間規劃時，這些看似破碎的部分應該被有效整合，以增強整體的功能性和實用性。

🔍 展示收納應用於衛浴

Ⓐ——常用瓶罐置於開放層架方便拿取使用

在浴室中，常用的瓶罐可放置在開放式層架上方便使用，而較少使用的物品，則可以考慮使用門片櫃擺放。而如果選擇將收納空間嵌入牆面，則需特別注意邊緣處理和選用的材質，確保嵌入式設計能安全又美觀。

Ⓑ——畸零空間設置層架瓶瓶罐罐各得其所

為了充分利用浴室牆壁空間，除了安裝開放式層架，轉角處和畸零角落也提供了收納可能，只需設計適合這些區域尺寸的層架，浴室中的沐浴乳、保養品等小物品便能各得其所。然而，開放式層架需要定期整理，否則一旦疏忽管理就容易顯得雜亂無章。

圖片提供__ FUGE 馥閣設計集團

隱藏收納應用於衛浴

圖片提供__日作空間設計

A ——浴櫃門片選擇發泡板、美耐板易清潔

一般而言，浴櫃的櫃體及門片常使用的材質包括發泡板和美耐板。發泡板具有防腐防霉、防水防潮的特性，使用壽命長，且質地輕盈而有良好的韌性和可塑性；美耐板則是一種表面貼皮的裝飾建材，其耐磨、耐熱和防水的性能被廣泛應用於廚具和衛浴櫃面，然而，若美耐板在施工過程中接縫處理不當，可能會出現黑邊，並在板面受損後容易膨脹變型。此外，塑料和玻璃等材質也非常適合用於浴室層板，方便清潔且不易滋生霉菌。

B ——門片內收納以方便拿取為原則

浴室內的鏡櫃設計主要有內嵌式和外凸式兩種，選擇時應考慮物品取用的便利性，確保鏡櫃的深度不會過深或位置過高。鏡櫃門的類型包括滑動式和開闔式兩種，而鏡箱內部通常以層板來儲放物品。建議在上層放置瓶瓶罐罐等常用品，這樣手可以直接拿取，方便快捷，而容易顯得雜亂的物品，如擠壓式牙膏、洗面乳等，建議放在下層方便隨時整理。

✎ 尺寸收納應用於衛浴

Ⓐ──檯面深度 60 公分，離地 78 公分最好用

雖然一般工作檯面有其標準尺寸，但浴室檯面櫃的設計較有彈性，
不必嚴格遵循固定尺寸，大小可以根據個別家庭的臉盆尺寸進行調
整，而面盆尺寸約在 48 至 62 公分見方，所以一般深度不超過 65
公分，寬度則沒有限制。此外，理想的浴櫃高度大約是離地 78 公分，
這樣的高度適合家庭成員共用，並且建議浴櫃下方懸空的設計便於
清掃。

**Ⓑ──鏡櫃深度 12 至 15 公分，下緣離地 100 至 110
公分**

與坐著使用的化妝檯不同，衛浴鏡櫃通常是站立使用，因此其設計
高度相對較高，櫃面下緣的高度一般設定在 100 至 110 公分之間，
以符合人體工學的要求，至於櫃面深度，通常為 12 至 15 公分左右，
適合擺放牙膏、牙刷、刮鬍刀以及簡易保養品等小型物品。

圖片提供__吾隅設計

其他收納（收納盒、五金）應用於衛浴

圖片提供＿禾光室內裝修設計

Ⓐ──浴櫃結合洗衣籃，讓浴室空間更寬廣

洗衣籃通常設置在浴室內，方便浴後直接放入待洗衣物。建議在洗手台下方規劃一個專門的擺放區域，採用「可提取」帶輪的提籃式設計，能輕鬆帶到洗衣區清洗。

Ⓑ──善用收納工具維持衛浴整潔與秩序

為了整齊收納各種零散的沐浴用品、洗浴小物，甚至清潔用品，可利用牆面創造分隔型收納空間。所有常用物品應按類分好並集中擺放，且易於觀看和取用。為防止水氣殘留影響物品，推薦使用「懸空」的收納方式，不讓任何收納物直接接觸地面，無論是吊掛式隔櫃、鏤空收納架、收納籃，或是透明收納盒，都是實用的分類與區隔工具，有助於維持浴室整潔有序。

CHAPTER

9 ___ 廊道、樓梯、陽台

圖片提供＿吾隅設計

廊道、樓梯和陽台於居家空間中往往被視為非典型或畸零空間，
但這些區域實際上具有極大的收納可能性。有效地規劃這些空
間不僅能增加家中的總收納量，也能使生活空間更加整齊有序。

收納技巧_____

廊道——在狹長的走道中，適當地在兩側擺放物品可以
巧妙地調節人們對走道過窄或過長的感受，因此於廊道
設計展示櫃，不僅能豐富空間的表達，還能有效地利用
走道空間，增添空間的藝術氣息和美感。

樓梯——小坪數居家收納常常不足，一個有效的解決方
案是利用複層結構的高度差來創造隱藏式收納空間。例
如，樓梯下方的畸零空間，可以被巧妙地轉化為儲藏收
納區。

陽台——陽台在放置冷氣機、熱水器和洗衣機等大型家
電後，剩餘空間有限。因此需巧妙利用牆面空間，例如
安裝層板或掛勾來進行吊掛式收納，像是在洗衣機上方
安裝吊桿或層板，收納洗衣精和其他清潔用品。此外，
選用可伸縮的晒衣架，將衣物吊高，可有效釋放下方空
間，讓整個陽台看起來更為寬敞。

🔑動線收納應用於廊道、樓梯、陽台

(A)——廊道：找到「使用地點」與「收納位置」的最短路線

收納不僅僅是為了儲物，更應該著重於「即用即取」的方便性，這才是最理想的收納規劃。因此，我們需要一一盤點物品，重新規劃空間動線。如果走廊能規劃出適當的收納空間，應充分利用，無論是選擇展示收納或隱藏收納，最重要的是先明確物品的使用頻率，然後根據室內動線來進行規劃，確保物品的「使用地點」與「收納位置」的最短路線，實現生活的舒適與便利。

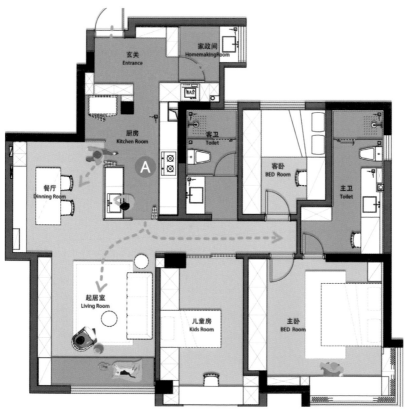

圖片提供__吾隅設計

158

B——陽台：疊放洗衣機、烘衣機節省空間縮短動線

小坪數當道，曬衣陽台的面積通常僅約 1 坪，安置一台洗衣機後空間即飽和，因此，選擇合適的機型顯得尤為重要。一台集洗、脫、烘於一體的洗衣機非常實用，它能有效解決空間有限無法晾曬衣物的問題，此外，如果預算允許，業主也可以考慮購買可疊放的滾筒洗衣機和烘衣機，這樣既節省空間又能縮短動線提高效率。

圖片提供＿吾隅設計

159

🔑 展示收納應用於廊道、樓梯、陽台

Ⓐ—— 樓梯：下方打造展示書櫃提升居家人文氣質

對於熱愛閱讀、藏書眾多的業主，居於樓中樓的住宅時，可以考慮在樓梯的沿牆面設置書櫃。然而，若樓梯空間偏窄，建議避免在此設置書櫃，以防空間過於擁擠。相對地，如果樓梯空間足夠寬敞，不論是弧形或直梯設計，都可以利用這些垂直空間來設置書櫃。通常，這些書櫃會設計在中央大樑和牆壁之間的三角形凹陷處，有效利用樓梯間的垂直動線，活化空間的使用效率。

Ⓑ—— 廊道：走廊書牆兼具隔間、採光與收納

隔間牆透過設計，既為隔間又能兼作書櫃。此案例中，房子向南，擁有極佳的自然光線，設計師特別選用鏤空的蠶豆造型書牆，巧妙地隔開架高的和室與走道，這樣的設計不僅能收納大量書籍，還允許光線穿透，保持室內明亮。書櫃的深度特意加大至近 60 公分，足以容納兩層的書籍，兼顧實用與美觀。

圖片提供＿吾隅設計

圖片提供＿日作空間設計

圖片提供＿日作空間設計

ⓒ——廊道：可開放可隱藏創造魔術寶箱效果

廊道上的展示櫃設計，可開放可隱藏，搭配推門設計，為空間注入
隨機的魔術寶箱效果。當與來訪者對話投機，可以像打開一個秘密
基地一般推開黑板牆，展示私藏珍品，這種設計不僅滿足收納需求，
也增添互動樂趣。配合精心設計的燈光照明，使得每次打開都能帶
來柳暗花明的驚喜，增強空間的魅力和功能性。

Ⓓ──陽台：依據洗、烘衣機規劃櫃體，並運用活動層板增添使用靈活性

為提升洗衣區的流暢度，陽台空間充足時，可放置一個衣物籃於洗衣機周圍方便整理；若空間受限，則建議安裝架高型支架，充分利用狹小空間，進行衣物晾掛和髒衣收納。如果有預算，可根據洗衣機和烘乾機的配置規劃櫃體，搭配活動層板增加收納的靈活性。

圖片提供__吾隅設計

163

🔑隱藏收納應用於廊道、樓梯、陽台

Ⓐ——樓梯：階梯踏板、側邊隱藏收納令空間充分活用

樓梯的設計不僅串聯居家的上下層空間，其下方的空間也是極佳的收納區域。在每個階梯踏板下設計隱藏式抽屜，或沿側面規劃隱藏收納櫃，都能巧妙利用這些容易被忽視的空間。這樣一來不僅極大提升家中的儲物功能，也使得每一寸空間都得到充分活用，為居住環境帶來更多的可能性。

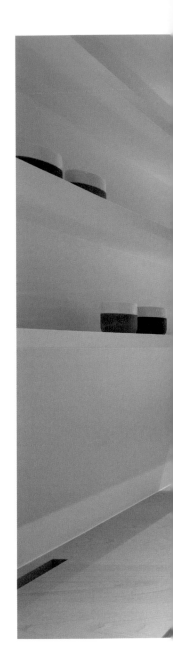

圖片提供＿蟲點子創意設計

🔍 尺寸收納應用於廊道、樓梯、陽台

圖片提供＿吾隅設計

圖片提供＿構設計

Ⓐ——樓梯：樓梯高 18 至 20 公分，深度 25 公分可作延伸收納

樓梯空間不僅是連接不同樓層的通道，其下方空間若被巧妙規劃，則可以轉化為實用的儲物空間。考量到標準樓梯每階高度約 18 至 20 公分，深度則多在 25 公分以上，這樣的結構提供了不少收納的機會。依據樓梯的位置和家庭成員的具體需求，可以設計為抽屜或是門片的儲物空間。常見的做法包括將樓梯下方空間變為大型的抽拉櫃，或是多功能的儲物櫃。

Ⓑ——廊道：隔間櫃 25 至 30 公分兼具收納與空間感

想要擴充居家的收納，不妨將其中一間房的隔牆改為展示櫃，讓走道也同時擁有收納的功能。然而使用櫃體作為隔間的設計雖提升了收納空間，但可能會對鄰近房間的空間感造成一定影響。為平衡這一變化，建議採取 25 至 30 公分深的展示櫃，這樣既能有效利用走道空間進行收納，又不會過度侵占兩側空間，確保房間的開闊感。

🔍儲藏室收納應用於廊道、樓梯、陽台

Ⓐ──樓梯：善用梯下空間規劃儲藏室

樓梯不僅連接樓層，其下方空間若巧妙運用，可成為實用的儲物區。例如，在有樓梯的家庭中，可以根據樓梯的設計特點，開發樓梯底下的儲藏空間。依照鄰近空間規劃，例如樓梯鄰近客廳，這個空間就非常適合用來擺放家用電器和各類日用品等，而為了視覺上的整潔，可以加裝門板確保整齊視覺。

Ⓑ──樓梯：梯下儲藏室實例解析

對於空間有限的小宅而言，樓梯下的空間實為不可忽視的寶地。在右圖案例中，樓梯下方有一個深而寬敞的畸零空間，其高度約 130 至 140 公分，不太適合成人直立行走，設計師巧妙地將這一部分空間規劃為低矮的收納區，並設置門片，充分利用通常被忽略的空間，增加家中的收納機能。

攝影＿蕭探／圖片提供＿素樂研舍空間設計

ⓒ──廊道：1 坪廊道儲藏室靈活收納大小物品

隨著現代生活中網路購物的普及，家庭常常需要擺放大量的紙箱，此外，還有一些只在外出時使用的物品，如雨具、嬰兒推車和高爾夫球具等。因此，合理利用廊道空間進行收納變得尤為重要。一坪多的空間，配合可調整的活動層板，可以靈活地收納各種大小物品，不僅提升了實用性，還能保持居家空間的整齊與設計的一致性。

🔑 其他收納（收納盒、五金）應用於廊道、樓梯、陽台

Ⓐ——廊道：洞洞板＋層架創造共享互動區

廊道可利用洞洞板與層架規劃成家庭成員共享和互動區域，孩子們在一年的各種節慶中創作的節令卡片和工藝品，都可以在這裡得到展示，這不僅豐富了空間的季節氛圍，同時也是點綴和提升空間特色的重要元素。但要注意的是，一般市售的洞洞板厚度約為 1.8 公分，承重能力有限，如預計掛載重物，建議在裝修階段訂製更厚的洞洞板，例如 4 公分厚，以確保其牢固性和安全性。

圖片提供＿日作空間設計

圖片提供__素樂研舍空間設計

B──陽台：善用市售家具的靈活性

後陽台通常用作洗衣與晾衣空間，如果認為木作或系統櫃佔用過多空間，可以利用市售的櫃子來增加收納功能。如上圖於洗衣機旁的畸零角落，搭配市售收納盒，妥善利用每一空間。而市售家具的一大優點是靈活性高，未來如需調整位置或更換舊櫃，都相當方便，不受限制。

設計公司資訊

大見室所
04-2372-0370
https://bigsensedesign.com/

太硯設計
02-5596-4277
https://www.more-in.tw/

日作空間設計
02-2766-6101
https://www.rezo.com.tw/

王采元工作室
consult@yuan-gallery.com
https://yuan-gallery.com/

禾光室內裝修設計
02-2745-5186
https://herguang.com/

吾隅設計

wuyu_design@163.com

素樂研舍空間設計

小紅書：素樂研舍空間設計

構設計

02-8913-7522
https://www.facebook.com/madegodesign

築樂居

03-577-0719
https://www.natureology.com.tw/

蟲點子創意設計

02-2365-0301
https://www.indotdesign.com/

FUGE GROUP 馥閣設計集團

02-2325-5019
https://fuge.tw/

Solution 165
居家收納設計懶人包

作　　者｜i 室設圈｜漂亮家居編輯部
執行編輯｜張景威
責任編輯｜許嘉芬
美術設計｜莊佳芳

發 行 人｜何飛鵬
總 經 理｜李淑霞
社　 長｜林孟葦
總 編 輯｜張麗寶
叢書主編｜許嘉芬

出　　版｜城邦文化事業股份有限公司 麥浩斯出版
地　　址｜115 台北市昆陽街 16 號 7 樓
電　　話｜（02）2500-7578
傳　　真｜（02）2500-1916
E-mail　｜cs@myhomelife.com.tw

發　　行｜英屬蓋曼群島商家庭傳媒股份有限公司城邦分公司
地　　址｜115 台北市南港區昆陽街 16 號 5 樓
讀者服務專線｜02-2500-7397；0800-033-866
讀者服務傳真｜02-2578-9337
訂購專線｜0800-020-299（週一至週五上午 09:30 ～ 12:00；下午 13:30 ～ 17:00）
劃撥帳號｜1983-3516
劃撥戶名｜英屬蓋曼群島商家庭傳媒股份有限公司城邦分公司

香港發行｜城邦（香港）出版集團有限公司
地　　址｜香港九龍土瓜灣土瓜灣道 86 號順聯工業大廈 6 樓 A 室
電　　話｜852-2508-6231
傳　　真｜852-2578-9337
E-mail　｜hkcite@biznetvigator.com

馬新發行｜城邦（馬新）出版集團 Cite（M）Sdn.Bhd.（458372U）
地　　址｜41,Jalan Radin Anum,Bandar Baru Sri Petaling,
　　　　　57000 Kuala Lumpur, Malaysia.
電　　話｜603-9057-8822
傳　　真｜603-9057-6622

總 經 銷｜聯合發行股份有限公司
電　　話｜02-2917-8022
傳　　真｜02-2915-6275
製版印刷｜凱林彩印股份有限公司
版　　次｜2024 年 8 月初版一刷
定　　價｜新台幣 499 元

國家圖書館出版品預行編目 (CIP) 資料

居家收納設計懶人包 / i 室設圈｜漂亮家居編輯部作.
-- 初版 . -- 臺北市：城邦文化事業股份有限公司麥浩
斯出版：英屬蓋曼群島商家庭傳媒股份有限公司城邦
分公司發行 , 2024.08

面；　公分 . -- (solution；165)

ISBN 978-626-7401-89-7(平裝)

1.CST: 家庭佈置 2.CST: 空間設計

422.5　　　　　　　　　　　　　　113009872